江香梅　肖复明　周　诚◆编著

闽楠遗传分析与资源培育技术

Population Genetics and Resources Cultivation of *Phoebe bournei* (Hemsl.) Yang

图书在版编目(CIP)数据

闽楠遗传分析与资源培育技术 / 江香梅，肖复明，周诚编著.
--北京：中国林业出版社，2020.7

ISBN 978-7-5219-0631-8

Ⅰ.①闽… Ⅱ.①江… ②肖… ③周… Ⅲ.①楠木-遗传分析-研究
②楠木-育苗-研究 Ⅳ.①S792.24

中国版本图书馆 CIP 数据核字(2020)第 112938 号

中国林业出版社·自然保护分社（国家公园分社）

策划编辑：刘家玲

责任编辑：刘家玲 宋博洋

出版 中国林业出版社（100009 北京市西城区德内大街刘海胡同 7 号）
http：//www.forestry.gov.cn/lycb.html 电话：(010) 83143519 83143625

发行 中国林业出版社

印刷 河北京平诚乾印刷有限公司

版次 2020 年 7 月第 1 版

印次 2020 年 7 月第 1 次

开本 787mm×1092mm 1/16

印张 5

字数 105 千字

定价 35.00 元

闽楠遗传分析与资源培育技术
编委会

主　　编　江香梅

副 主 编　肖复明　周　诚

编写人员　(按姓氏笔画顺序)

伍艳芳　刘玉香　刘志开　江香梅　孙世武
肖水清　肖复明　邱凤英　余　林　邹元熹
汪信东　宋晓琛　周　诚　徐海宁　龚　斌
温　强　曾　伟　曾建国　戴小英

编写人员单位　(按姓氏笔画顺序)

江西省林业科学院

伍艳芳　刘玉香　江香梅　肖复明　邱凤英
余　林　汪信东　宋晓琛　周　诚　徐海宁
龚　斌　温　强　曾　伟　戴小英

吉安市林业局

曾建国

吉安市青原区林业局

刘志开　肖水清　邹元熹

吉安市青原区白云山林场

孙世武

前言

PREFACE

闽楠［*Phoebe bournei*（Hemsl.）Yang］为樟科楠属高大常绿乔木，主要分布在我国长江流域及其以南地区。闽楠素以材质优良而闻名，其干形通直，材质致密坚韧，是优良建筑、家具及工艺雕刻等的材料，同时其树冠浓密、四季常青，是优美的园林绿化树种，因此具有很高的经济、生态和观赏价值。但是由于长期过度采伐及生境破坏等，闽楠天然资源已近枯竭，现为国家二级保护野生植物。目前国内外对其研究主要集中在闽楠种群生态学、苗木繁育及造林模式等方面，加强闽楠遗传资源分析、遗传改良及人工林培育等方面的研究，将有助于揭示闽楠的遗传学、种群遗传多样性及其遗传变异特征，为制定其资源保护策略和资源培育措施提供必要的理论依据和技术支撑，对保护闽楠天然资源和物种多样性，实现规模化、标准化生产应用具有重要的实践意义。

本书分为 4 章 15 节，主要内容为闽楠染色体核型研究、闽楠群体遗传多样性研究及多样性保护建议、不同种源闽楠育苗技术研究、不同树龄闽楠人工林生长量比较、闽楠造林立地与造林模式选择研究、闽楠天然林与人工林木材物理力学性质比较研究等，是广大林业科技、教学、管理和生产经营者宝贵的参考资料。

本书的主要内容研究经费来源于科技部、国家林业和草原局、江西省科技厅、江西省林业和草原局等部门科研项目，编辑出版得到江西省林业科学院的支持，在此一并表示衷心感谢。

由于编写时间仓促，难免有不妥和疏漏之处，敬请提出宝贵意见。

编著者

2020 年 2 月

目录

CONTENTS

第1章 闽楠遗传学研究

闽楠［*Phoebe bournei*（Hemsl.）Yang］为樟科楠属高大常绿乔木，是我国特有的一个珍贵用材树种与优良观赏植物。由于长期的过度采伐及生境破坏等，闽楠天然资源已近枯竭，被列为国家二级保护野生植物（国家林业局，1999），其拯救、保护工作迫在眉睫。目前国内外对闽楠的研究多见闽楠种群生态学、人工林培育、生长特性等方面的报道，而忽视了对其遗传资源现状的研究。揭示物种的遗传学、种群遗传多样性及其遗传变异特征，可为制定保护策略和措施提供必要的理论指导。

1.1 闽楠染色体核型研究

1.1.1 试验材料与方法

1.1.1.1 试验材料

本试验所用植物材料为闽楠种子发芽后 5~10d 的根尖。

1.1.1.2 试验方法

（1）根尖截取时间和预处理方法

根尖分生区分裂旺盛时间为 8：30~9：30，故根尖截取时间宜选择在此时间段。

待种子发芽后根系长 0.5~1.0cm 时，于 8：30~9：30，取 25~30 株芽苗，用解剖刀截取长约 0.5cm 根尖，用 0.002% 8mol/L 烃基喹啉水溶液在 4℃冰箱中预处理3h，清洗后用卡诺液固定 2h，水洗后在 1mol/L 盐酸 60℃恒温水浴下解离 3min，用改良石碳酸品红溶液染色、压片、镜检。

（2）染色体计数和核型分析方法

取染色体分散良好、着丝点清晰的中期分裂相进行染色体计数，结合 Adobe Photoshop CS 图片处理计数，测量染色体长臂及短臂长度，再用 Excel 计算染色体相对长度、相对长度系数、臂比、核型不对称系数，计算公式如下：

相对长度=某染色体长度/染色体组内全部染色体总长度×100%。

相对长度系数（IRL）=某染色体长度/全组染色体平均长度。用于确定染色体相对长度类型。

臂比=长臂长度/短臂长度。用于确定着丝点位置及核型分类依据。

核型不对称系数=全部染色体长臂总和/全组染色体总长。用于表示不对称性强弱。

参照李懋学和陈瑞阳（1985）的标准进行核型分析；参照 Levan 等（1964）的方法，根据染色体臂比来确定着丝粒的位置，得出核型公式；参照 Stebbins（1971）核型分类方法，按核型中最长染色体与最短染色体之比及臂比大于 2 的染色体所占的比例来确定核型类型；按照 Arano（1963）方法计算核型不对称系数，其比值越大越不对称。

（3）仪器设备

Leica 显微镜（DM2500）、水浴锅、纯水仪（艾柯 KL-UT-IV-10）。

1.1.2 结果与分析

检测和分析结果表明，闽楠体细胞染色体数目为 24 条 12 对，二倍体，即 2n=24（图 1-1～图 1-3）。闽楠的核型公式为 K（2n）=2x=24=24m，染色体均为中部着丝点（m）。未发现有随体（图 1-3 和表 1-1）。染色体相对长度组成为 $6L+4M_2+12M_1+2S$，染色体相对长度变化为 5.52～11.43；核不对称系数为 54.96%；最长染色体/最短染色体（L/S）=2.07；无臂比大于 2 的染色体。闽楠染色体核型属于 Stebbins 核型分类中的“2A”类型，比较对称。

闽楠染色体数及染色体核型本研究为首次报道。

图 1-1　闽楠（2n=24）染色体形态图　　图 1-2　闽楠核型图

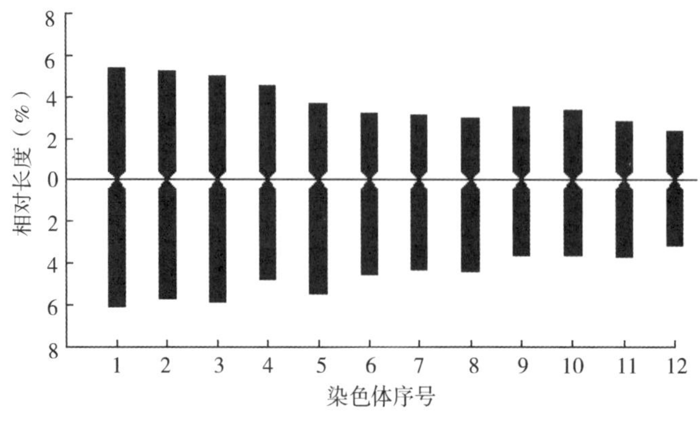

图 1-3　闽楠核型模式图

表 1-1 闽楠核型参数

染色体编号	染色体相对长度	相对长度系数	臂比	类型
1	5. 39+6. 04=11. 43	1. 37	1. 12	m
2	5. 18+5. 69=10. 87	1. 30	1. 10	m
3	4. 96+5. 82=10. 78	1. 29	1. 17	m
4	4. 53+4. 79=9. 32	1. 12	1. 06	m
5	3. 67+5. 48=9. 15	1. 10	1. 49	m
6	3. 19+4. 49=7. 68	0. 92	1. 41	m
7	3. 11+4. 31=7. 42	0. 89	1. 39	m
8	2. 98+4. 36=7. 34	0. 88	1. 46	m
9	3. 49+3. 58=7. 07	0. 85	1. 02	m
10	3. 32+3. 58=6. 90	0. 83	1. 08	m
11	2. 85+3. 67=6. 52	0. 78	1. 29	m
12	2. 37+3. 15=5. 52	0. 66	1. 33	m

1. 1. 3 讨论

1. 1. 3. 1 试验材料处理

试验材料处理得当与否是试验成功的关键。处理的关键环节主要包括根尖长度和截取时间、预处理方法及时间、解离时间等。经过反复试验，发现闽楠在根尖长至 0. 5~1. 0cm 左右，且在 8：45~8：55 之间分裂相最多，其间取样处理，可以得到较多的染色体清晰、收缩较好的中期分裂相细胞。试验还发现，预处理在 4℃冰箱中进行比在常温下处理效果更好；预处理时间以 3h 为宜，处理时间过长，易导致染色体过度收缩。此外，较理想的解离时间为 3min。解离时间过长，易使染色体破损，进而导致材料预处理失败；而时间过短，则染色体不易分散，影响核型分析的质量和准确性。

1. 1. 3. 2 樟科植物核型分析结果

我国陈成彬等（1998）开展过樟科 5 属 9 种植物染色体计数和核型研究，包括樟属（*Cinnamomum*）的樟（*C. camphora*）和油樟（*C. longepaniculatum*）；山胡椒属（*Lindera*）的香叶树（*L. communis*）、山苍子（*L. cubeba*）、黑壳楠（*L. megaphylla*）和川钓樟（*L. pulcherrima* var. *hemsleyana*）；黄肉楠属（*Actinodaphne*）的红果黄肉楠（*A. cuphlaris*）；楠属（*Phoebe*）的桢楠（*P. zhennan*）；赛楠属（*Nothaphoebe*）的赛楠（*N. cavaleriei*）。结果均表明，9 种植物的染色体数均为 24 条 12 对，为二倍体；属间核型差异显著，包括 1A、2A、1B、2B 4 种核型。该研究是针对樟科植物较系统的核型研究。此后，邓永金等（2006）和陈细芳等（2009）分别对楠属的山楠（*P. chinensis*）和浙江楠（*P. chekiangensis*）的核型进行了研究，本项目组（刘玉香等，2013）对白楠（*P. neurantha*）的核型进行了研究，其结果均为 2B 型。

1.1.3.3 楠属树种核型比较

前已述及，目前楠属树种中已开展过核型研究的 4 个树种桢楠、山楠、浙江楠和白楠，其核型均为 2B 型。本研究开展了闽楠的核型研究，结果表明，闽楠与上述 4 个树种的核型不同，为 2A 型（表 1-2）。

表 1-2 楠属 5 个树种核型公式及核型

种名	核型公式	染色体相对长度组成	核不对称系数	最长/最短染色体	核型类型
桢楠	K（2n）=2x=24 =18m+6sm（4SAT）	$6L+4M_2+12M_1+4S$	59.65	2.3	2B
山楠	K（2n）=2x=24 =14m+10sm	$4L+4M_2+10M_1+6S$	63.89	3.5	2B
浙江楠	K（2n）=2x=24 =18m+6sm	$6L+4M_2+6M_1+8S$	59.70	2.8	2B
白楠	K（2n）=2x=24 =20m+4sm	$6L+4M_2+10M_1+4S$	57.58	2.0	2B
闽楠	K（2n）=2x=24 =24m	$6L+4M_2+12M_1+2S$	54.96	2.1	2A

根据植物分类和进化学家 Stebbins（1971）的观点：高等植物核型进化的基本趋势是由对称向不对称方向发展，系统演化上属于比较古老或原始的植物，往往具有较对称的核型，而不对称的核型则通常出现在较进化或特化的植物中。按照这一观点，则楠属 5 个树种中（表 1-2），闽楠的核不对称系数最低，为 2A 核型，属较原始种，其他 4 种的核不对称系数均高于闽楠，属 2B 核型，为较进化种。但也有研究表明，生物的进化是复杂的、多方向和多样化的，在已知的某些科、属内，核型并不完全表现为由对称向不对称进化，而有可能表现为由不对称向对称进化，甚至两个过程都存在（李玉阁等，2002）。本研究中，闽楠是否比楠属其他 4 个种更原始，还有待解剖学、分子生物学等的研究来进一步认证。

1.2 闽楠天然种群遗传多样性的 RAPD 分析

1.2.1 试验材料与方法

1.2.1.1 试验材料

试验材料分别采自江西的龙南、泰和，福建的政和、王台、明溪、永安、浦城、西芹，共 8 个群体。群体之间有明显的天然隔离（如山川、河流等），水平距离 10km 以上；每个群体随机采集 20 个植株，植株之间相距 50m 以上。共采集 160 个植株的叶样提取基因组 DNA。采样群体地理位置及气候条件见表 1-3。

表 1-3 闽楠采样群体地理位置及气候条件

群体编号	样本数	地理位置（经度、纬度）		海拔高（m）	生境（平均气温、湿度）	
1 福建政和	20	118°19′E	27°03′N	220.9	18.5℃	75%
2 福建王台	20	117°51′E	26°34′N	127.8	19.3℃	72%
3 福建永安	20	117°21′E	25°58′N	221.7	20.0℃	70%
4 江西泰和	20	114°55′E	26°48′N	71.4	18.6℃	80%
5 江西龙南	20	114°49′E	24°55′N	205.5	18.9℃	81%
6 福建明溪	20	116°48′E	26°08′N	319.4	18.0℃	78%
7 福建西芹	20	118°40′E	26°51′N	127.8	19.3℃	72%
8 福建浦城	20	118°32′E	27°55′N	274.8	17.4℃	79%

1.2.1.2 试验方法

（1）基因组 DNA 提取及 RAPD 分析优化反应条件筛选

采用改进的 CATB 高盐法提取基因组 DNA；设定 RAPD 反应的 3 个关键因子 Mg^{2+}、Tag 酶、退火温度的变化梯度进行条件优化试验（温强等，2005）。

（2）数据分析

对 RAPD 电泳谱带进行统计，建立 0/1 二元数据矩阵。运用 POPGENE v. 1.31（Yeh et al.，1997）计算各群体的多态位点百分比（PPB）、平均等位基因数（A）、有效等位基因数（Ne）、Nei's 基因多样度（h），并计算总群体的基因多样度（Ht）、各群体的基因多样度（Hs）和基因分化系数（Gst）、基因流（Nm）（Wright，1951），以及群体间 Nei's 无偏遗传距离及相似系数（Nei and Li，1979），并用 NTSYSpc（2.10e 版）软件（Rohlf et al.，1997）按照 UPGMA 法对 8 个群体进行 UPGMA 聚类分析，构建树状聚类图；同时，利用 Shannon 多样性表型指数计算基于各引物扩增条带在群体（Hpop）和物种（Hsp）水平的表型多样性，分别根据（Hpop/Hsp）和［（Hsp-Hpop）/Hsp］计算群体内与群体间变异所占的比例。最后用 DCFA1.1 软件（张富民等，2002）计算个体间欧氏距离所得的输出文件（距离文件、组文件、群体文件）作为输入文件，采用 AMOVA 1.55 软件（Excoffier et al.，1992；Zeng et al.，2003）进行遗传变异的巢式方差分析。

1.2.2 结果与分析

1.2.2.1 闽楠天然群体及物种水平的遗传多样性

从 200 条随机引物中共筛选出 12 条多态引物用于 RAPD 分析。各引物名称、序列及检测的总带数、多态性带数详见表 1-4。每条引物可扩增 10~20 条谱带，扩增谱带长约 200~3000bp，共检测到 135 个位点，其中多态位点 134 个。说明闽楠物种水平上的遗传多样性较丰富。引物 S_{40}、S_{62}对浦城群体扩增的 RAPD 谱带见图 1-4。

表 1-4　16 条 RAPD 多态引物扩增的总带数和多态性带数

引物	引物序列（5'~3'）	总带数	多态性带数	引物	引物序列（5'~3'）	总带数	多态性带数
S_3	CATCCCCCTG	13	13	S_{40}	GTTGCGATCC	12	12
S_8	GTCCACACGG	8	8	S_{62}	GTGAGGCGTC	11	11
S_{21}	CAGGCCCTTC	10	10	S_{82}	GGCACTGAGG	12	12
S_{24}	AATCGGGCTG	12	12	S_{98}	GGCTCATGTG	11	10
S_{28}	GTGACGTAGG	13	13	S_{167}	CAGCGACAAG	12	12
S_{31}	CAATCGCCGT	10	10	S_{180}	AAAGTGCGGC	11	11

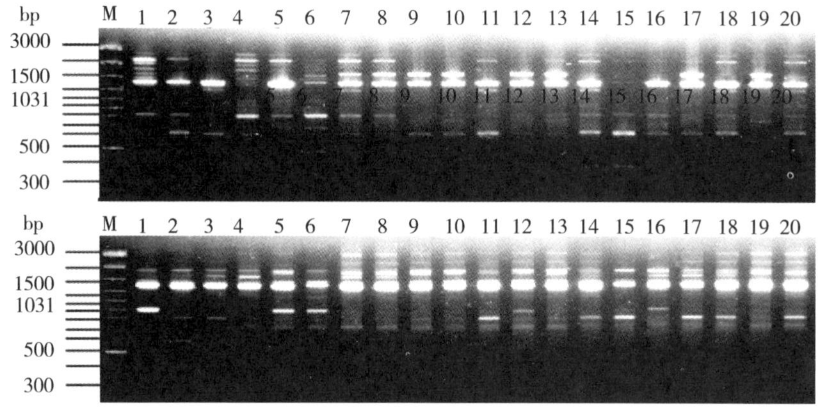

图 1-4　引物 S_{40}、S_{62} 对浦城群体扩增的 RAPD 谱带

按照 Lynch-Milligan 矫正小样本 RAPD 数据的方法，剔除 $q^2<3/N$（N 为取样大小）的条带（Lynch and Milligan，1994）后，以基因位点的等位基因频率为基本数据计算闽楠群体遗传多样性参数，结果表明（表 1-5）：8 个群体的各遗传参数值以江西泰和的为最低，以福建西芹的为最高。值得一提的是，王台群体与西芹群体是两个空间相距最近的群体，均位于南平市延平区西芹镇，但王台群体多态位点百分率（61.86%）比西芹群体（76.27%）低 14.41 个百分点，基因多样度 h 低 0.0543。说明王台群体内遗传多样性低，群体内单株间的亲缘关系很近。此外，物种水平的基因多样度为 0.3688（表未列出）。

表 1-5　闽楠群体遗传多样性参数

群体	多态位点百分率	平均等位基因数	有效等位基因数	Nei's 基因多样度
1 福建政和	69.49%	1.6949	1.3600	0.2124
2 福建王台	61.86%	1.6186	1.3587	0.2098
3 福建永安	67.80%	1.6780	1.3951	0.2299
4 江西泰和	57.63%	1.5763	1.3352	0.1973
5 江西龙南	63.56%	1.6356	1.3895	0.2249
6 福建明溪	72.03%	1.7203	1.4540	0.2603
7 福建西芹	76.27%	1.7627	1.4524	0.2641
8 福建浦城	74.58%	1.7458	1.4361	0.2513

1.2.2.2 闽楠天然群体遗传分化

对样本进行 Lynch-Milligan 矫正后，利用 POPGENE 软件做闽楠群体遗传结构分析，由表 1-6 数据显示，闽楠总的群体基因多样度 Ht 为 0.3688，其中，群体间基因多样度 Dst 为 0.1376，群体内基因多样度 Hs 为 0.2312，基因分化系数 Gst 为 0.3730，说明闽楠群体间和群体内均存在着强烈的遗传分化，群体的遗传变异有 37%以上来自于群体间，有 63%以下来自于群体内。闽楠群体间存在的遗传分化，可能与闽楠分布片段化、群体间产生一定的地理隔离，致使群体间基因交流少（基因流值 Nm 只有 0.4251）有关，从而逐渐形成可遗传的变异。

表 1-6 闽楠群体遗传分化参数

物种名称	总的群体基因多样性（Ht）	群体内基因多样性（Hs）	群体间基因多样性（Dst）	基因分化系数（Gst）	基因流（Nm）
闽楠	0.3688	0.2312	0.1376	0.3730	0.4251
标准差	0.0123	0.0103			

利用 Shannon 多样性表型指数分析变异在居群内和居群间的分布情况见表 1-7。根据（Hpop/Hsp）和（Hsp-Hpop）/Hsp 分析所得结果显示，平均有 46.4%的变异存在于居群之间，这个结论与利用 Gst 分析所得的结论是比较一致的。

表 1-7 闽楠群体遗传多样性的 Shannon 多样性表型指数分析

引物	Hpop	Hsp	（Hsp-Hpop）/Hsp	引物	Hpop	Hsp	（Hsp-Hpop）/Hsp
S_3	3.345	5.710	0.414	S_{40}	3.585	4.873	0.264
S_8	1.545	2.753	0.439	S_{62}	1.843	4.953	0.628
S_{21}	2.283	4.251	0.463	S_{82}	2.209	4.175	0.471
S_{24}	2.568	3.833	0.330	S_{98}	1.906	5.134	0.629
S_{28}	2.949	5.767	0.489	S_{167}	2.737	5.098	0.463
S_{31}	1.960	4.219	0.535	S_{180}	2.454	4.399	0.442
平均	2.449	4.597	0.464				

对闽楠 8 个种群进行 AMOVA 分子变异分析，结果显示（表 1-8）闽楠种群间和种群内遗传变异方差分量分别为 11.460 和 14.983，即总遗传变异有 43.34%（$P<0.001$）来源于种群间，56.66%（$P<0.001$）来源于种群内，其结果进一步验证了 POPGENE 分析及 Shannon 多样性表型指数的分化系数分析的可靠性。

表 1-8 闽楠 8 个种源的分子变异（AMOVA）方差分析结果

变异来源	自由度	平方和	均方差	变异组分	变异百分率	*P* 值
种群间	7	1709.225	244.175	11.460	43.34%	<0.001
种群内	152	2277.400	14.983	14.983	56.66%	<0.001
合计	159	3986.625				

1.2.2.3 聚类分析

表 1-9 列出了闽楠 8 个天然群体 Nei's 遗传距离（左下角）和群体遗传相似系数（右上角）。8 个群体间的遗传距离在 0.1189~0.3640 之间，相似系数在 0.6949~0.8879 之间。

表 1-9 闽楠 8 个天然群体的 Nei's 遗传距离和相似系数

群体	1	2	3	4	5	6	7	8
1 福建政和	1.0000	0.8421	0.8708	0.7558	0.8226	0.8416	0.8292	0.8323
2 福建王台	0.1719	1.0000	0.8385	0.7025	0.7383	0.7925	0.7868	0.8148
3 福建永安	0.1384	0.1761	1.0000	0.7408	0.8210	0.8709	0.8323	0.8524
4 江西泰和	0.2799	0.3531	0.3000	1.0000	0.8002	0.7100	0.7273	0.6949
5 江西龙南	0.1952	0.3034	0.1973	0.2229	1.0000	0.8057	0.7847	0.7592
6 福建明溪	0.1724	0.2326	0.1382	0.3424	0.2161	1.0000	0.8446	0.8683
7 福建西芹	0.1873	0.2398	0.1836	0.3185	0.2425	0.1689	1.0000	0.8879
8 福建浦城	0.1836	0.2048	0.1597	0.3640	0.2755	0.1412	0.1189	1.0000

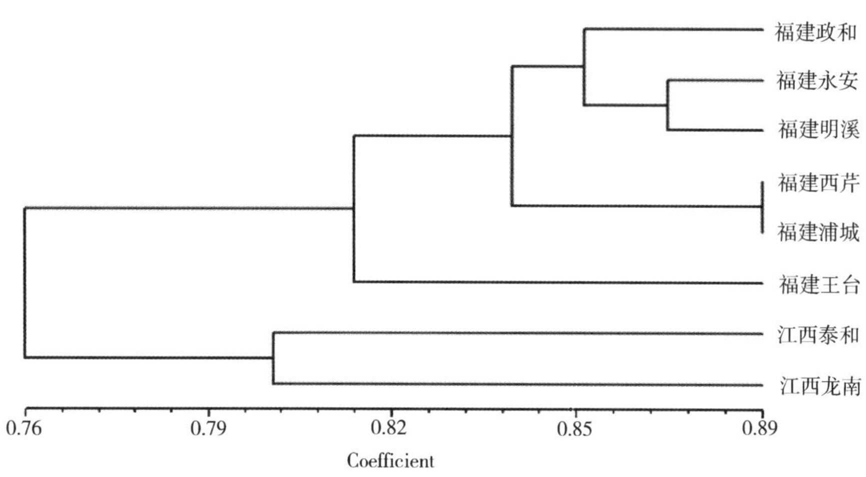

图 1-5 闽楠 8 个天然群体 UPGMA 聚类法得出的树状图

1.2.3 讨论

（1）在利用 RAPD 分子标记来衡量群体遗传变异水平时，作为一种显性标记，其表现为群体的显性遗传方式，不能区分显性纯合子与杂合子，从而无法直接估计居群内的基因频率，导致不能利用各种成熟的、基于多位点、共显性遗传方式的居群遗传学统计参数（Fritsch et al.，1996）。研究证明在利用这一类方法进行居群遗传格局分析时，在进行 Hardy-Weinberg 平衡假设分析其遗传结构的情况下，为避免遗传多样性水平和遗传分化程度的估计偏低，应该对样本进行 Lynch-Milligan 矫正（钱韦等，2001）。本研究在对样本进行 Lynch-Milligan 矫正的前提下采用 Gst 分析，以及结合 AMOVA 分析和 Shannon 多样性指数巢式分析（其中 Gst=0.3730，后两者数据较为接近分别为 0.4334 及 0.4640），都得出一致的结果，显示闽楠群体间和群体内均出现强烈的遗传分化，但遗传变异主要存在于群体内。

（2）一般来说，稀有和濒危物种遗传变异的平均水平低于广布种，不同物种的多样性水平和群体遗传结构会有很大的不同（Ge et al.，1997）。本试验结果表明，闽楠物种水平的遗传多样性较丰富，各取样群体的多态位点百分率在57.63%~76.27%之间，物种水平的基因多样度为0.3688。从闽楠种群大小结构看，闽楠种群有丰富的幼苗贮备，种群呈稳定增长型或成熟型，并具有巨大的种子库（吴大荣，1997）。闽楠种子较大，属中粒种子（千粒重为266.79g）（江香梅等，2000；吴大荣等，1998），靠鸟类等动物传播的种子是很有限的，其天然更新主要来源于种子雨，种子成熟时，绝大部分在重力作用下聚集在母树周围，母树的林冠下成为天然更新的主要场所（吴大荣等，1997，1998，2001）。种子的成群散布，使闽楠群体分布格局趋于集群分布，随着种群继续发育，种内和种间竞争加剧，种群个体死亡率提高，种群密度下降，到了中树和大树阶段，种群分布格局发生了明显变化，由集群分布向随机分布转变（吴大荣等，2003）。可见，天然状态下闽楠种子和幼苗经历了较大的环境选择压力，这种压力可能是群体内部个体变异的主要来源。

（3）分子方差分析（AMOVA）显示，闽楠群体内的变异组分占56.66%，群体间变异占43.34%，这一结果接近于自交种遗传分化的平均水平（Gst = 0.510）（邹喻苹等，2001）。这种靠重力扩散种子的植物，往往形成一定的家系结构，群体出现亚分化（Hamrick，1987），使得群体间的遗传分化程度加大。同时，研究中闽楠群体基于等位基因频率的基因流值只有0.4251，Wright认为群体间的基因流值若小于1（Nm<l），那么有限的基因流促使群体发生遗传分化（Wright，1951）。由于在保护区和风水林之外，闽楠资源仍然面临人为的威胁，人为过度干扰导致的生境破碎，致使闽楠在分布区已呈零星状（傅立国和金鉴明，1991），群体间产生一定的地理隔离，加之由于现有保护区大多以孤岛状存在，造成种群分割，群体间基因交流减少，从而逐渐形成可遗传的变异，可能是闽楠群体间遗传分化强烈的主要原因。

（4）本研究采用RAPD标记对闽楠主要分布区——福建、江西的8个天然群体进行了遗传多样性和群体遗传结构分析，具有较强的代表性。根据闽楠群体间和群体内均存在着丰富遗传多样性的特点，建议尽可能多地就地保护闽楠天然群体，以保护闽楠天然资源的遗传多样性；在建立基因资源异地收集保存区时，既要多收集群体，也要根据经济状况和群体内变异模式确定适宜的保护个体数。这一工作尚待完善。

1.3 基于ISSR分子标记的闽楠群体遗传多样性研究

1.3.1 试验材料与方法

1.3.1.1 试验材料

本研究在江西采集宜丰、吉安、龙南3个群体，在福建采集永安、南平、顺昌3个群体，在湖南采集怀化群体，在贵州采集榕江群体。由于闽楠天然群体大小不一，群体分布地理位置山川阻隔，实际取样有一定难度，因而各群体采集到的样本数不一致。8个群体采样地点及基本情况见表1-10。

表1-10 闽楠采样群体大小及分布位置

群体编号	取样地点	样本数	地理位置（经度、纬度）	生境（平均气温，无霜期，年均降水量）
1	江西宜丰	25	114°30′E 28°33′N	17.2℃ 260d 1720mm
2	江西吉安	27	115°20′E 26°50′N	18.3℃ 270d 1611mm
3	江西龙南	30	114°49′E 24°55′N	16.2℃ 260d 1400mm
4	福建永安	24	117°21′E 25°58′N	19.7℃ 300d 1507mm
5	福建南平	11	118°70′E 27°28′N	17.4℃ 290d 1981mm
6	福建顺昌	18	117°54′E 26°47′N	17.0℃ 300d 1750mm
7	湖南怀化	28	109°45′E 26°50′N	16.6℃ 303d 1304.2mm
8	贵州榕江	30	108°32′E 25°30′N	18.1℃ 310d 1211mm

1.3.1.2 试验方法

（1）取样方法

每个种群随机选取30株位于林冠上层的植株，植株之间相距50m以上，采集当年生幼叶用变色硅胶迅速干燥，带回实验室置于超低温冰箱保存备用或直接用于DNA提取。种群之间有明显的天然隔离（如山川、河流等），水平距离50km以上者，可分为2个群体。群体内植株数量不足30株的，按可采株数计入。

（2）主要仪器设备

本试验所用主要仪器设备见表1-11。

表1-11 试验所用仪器

仪器名称	生产厂家	仪器名称	生产厂家
恒温水浴锅	上海医疗仪器五厂	凝胶成像系统	Bio-RAD，Califonia U.S.A
制冰机	宁波格兰特有限公司	PTC-200 PCR仪	Bio-RAD，Califonia U.S.A
超纯水器	台湾艾柯公司	754紫外可见分光光度计	上海光谱仪器有限公司
超低温冰箱	日本进口	微量移液器	Eppendorf，Germany
高温灭菌锅	北京医用核子仪器厂	Bekman高速冷冻离心机	Bekman company
电泳仪	北京六一仪器厂	PCR System 2700	appliedbiosystem，USA

（3）具体方法

基因组DNA提取：采用改良的CTAB法。

CATB法（一）：①用天平称取植物叶片0.2g放入灭过菌的研钵中，放入液氮将材料研磨成粉末，将磨好的材料放入已经预热至65℃的2×CATB提取液4mL（内含5%的PVP和2%的2-ME），封口膜封口后65℃水浴30min，其间不时地轻轻摇动使溶液分散均匀；②取出离心管迅速冷却至室温，加入等体积氯仿-异戊醇（V∶V=24∶1），轻轻颠倒均匀，室温静置下抽提，10000r/min离心10min；③取上清液加入等体积氯仿-异戊醇，重复抽提一次，将上清液取500μL分装于1.5mL的离心管中备用；④加入1/2体积的4mol/L

的 NaAc，再加入 2 倍体积的-20℃预冷的无水乙醇，轻轻摇匀之后放入-20℃中静置沉淀，待 DNA 析出；⑤用枪头析出 DNA 沉淀，并用 1mL 70%乙醇漂洗 2 次，500μL 无水乙醇沉淀 DNA 之后晾干；⑥加入适量的 1×TE 缓冲液，待完全溶解之后，在水浴锅中 56℃条件下水浴 10min，10000r/min 离心 5min，取上清液即为所需 DNA 溶液，4℃保存；⑦重复最后两步，纯化 DNA。

CATB 法（二）：提取步骤①~③和⑤~⑦同 CATB 法（一）；将第④步改为加入 1/2 体积的 4mol/L 的 NaAc 后，加入 350mL 的-20℃预冷的异丙醇，轻轻摇匀之后放入-20℃中静置沉淀，待 DNA 析出。

基因组 DNA 质量检测：取 2μL 溴酚蓝溶液，加入 4μL DNA 模板溶液，点入 0.8%（m/V）的琼脂糖凝胶的点样孔中，并用标准分子量 Maker 标记，在装有 1×TE 缓冲液的电泳槽中电泳，凝胶成像仪拍照后，根据检测结果，分析 DNA 模板的相对大小及质量。用 754 型紫外可见分光光度计对 DNA 模板进行检测。按照测得的波长 260nm、280nm 处的吸光值（OD 值），根据公式 $C=OD_{260}$×稀释倍数×DNA 分子量（50ng/μL）来计算 DNA 的浓度，并根据 OD_{260}/OD_{280}的比值来评估 DNA 模板的纯度和浓度。

ISSR-PCR 反应条件优化：将对 PCR 扩增结果产生影响的 DNA 模板、Mg^{2+}、dNTPs、引物、Taq DNA 聚合酶浓度以及退火温度等因素作为试验因子，采用单因素试验设计方法进行梯度试验（表 1-12），筛选出各因子的最佳条件，再将各影响因素最佳条件进行优化试验，以期筛选出最佳反应条件。经试验，最佳反应条件见表 1-13。

表 1-12 ISSR 反应条件优化试验设计

试验因素	试验设计
模板 DNA 含量（ng/μL）	10、20、40、60、120、160
Mg^{2+}浓度（mmol/L）	1、1.5、2.0、2.5
dNTPs 含量（mmol/L）	0.10、0.15、0.20、0.25、0.30
Taq DNA 聚合酶用量（U）	0.1、0.2、0.3、0.4、0.5
引物浓度（μmol/L）	0.2、0.5、1.0、2.0、3.0

表 1-13 ISSR 反应体系的初始设定

组分	体积（μL）
10×Buffer	2.0
去离子甲酰胺（2%）	0.2
模板 DNA（60ng/）	1.0
Mg^{2+}（2.0mmol/L）	2.0
dNTPs（0.15mmol/L）	2.0
Taq DNA 聚合酶（U）	0.2
Primer（0.5μmol/L）	1.0
ddH_2O	11.6
总体积	20.0

ISSR-PCR 扩增程序：94℃预变性 5min；95℃变性 30s；50℃退火 45s；72℃延伸 1.5min；循环 38 次；最后 72℃后延伸 7min。为了试验的一致性，PCR 扩增在同一台 PCR 仪上进行。

ISSR 引物的筛选：用确定好的 ISSR 反应条件及程序，随机选择 2 个 DNA 模板用 100 条 UBC 系列引物进行扩增，从中初选出谱带清晰、重复性好的引物，再在每个群体中随机选择一个模板对初筛引物进行复筛，从中筛选多态性好、扩增稳定性强的复筛引物。

数据采集及统计分析：对 ISSR-PCR 电泳谱带进行数据统计，有带记为“1”，无带记为“0”，得到二元数据矩阵。采用 Lynch-Milligan 矫正方法，剔除 $q^2<3/N$（N 为取样大小）的谱带后，采用 POPGENE 1.32 软件（Yeh and Boyle，1997）计算各群体的多态位点百分比（PPB），并计算群体总的基因多样度（Ht）、各群体的基因多样度（Hs）和基因分化系数［Gst=1/4×（1-Hs/Ht）］，同时计算群体间 Nei's 无偏遗传距离及相似系数（Nei and Li，1979），并根据群体间的遗传距离，采用 UPGMA 聚类法对各群体进行聚类，构建树状聚类图。利用 Shannon 多样性表型指数计算基于各引物扩增条带在群体（Hpop）和物种（Hsp）水平的表型多样性，分别计算群体内与群体间变异所占的比例。采用 DCFA 1.1 软件计算个体间欧氏距离所得的输出文件（距离文件、组文件、群体文件）（张富民等，2002），作为输入文件，利用 AMOVA 1.55 软件进行巢氏方差分析（Excoffier et al.，1992；Zeng et al.，2003），计算群体内、群体间的变异方差分布。最后运用软件 IBD 1.52 对闽楠群体的遗传距离和地理距离相关性进行分析。

1.3.2 结果与分析

1.3.2.1 基因组 DNA 提取方法筛选

对两种 CTAB 提取方法进行比较试验，提取产物经 0.8%琼脂糖凝胶电泳检测，结果表明：CTAB 法（一）提取的基因组 DNA（图 1-6），谱带整齐完整，杂质较少，分子量大小约为 23kb；紫外分光光度计检测的 OD_{260}/OD_{280} 值在 1.8~2.0 之间，所测浓度也较为一致（表 1-14），说明所提 DNA 纯度较高，完整性较好。而采用 CTAB 法（二）提取的基因组 DNA 经紫外分光光度计法检测，各 DNA 样品之间浓度差异较大，大部分 OD_{260}/OD_{280} 值偏小，甚至难以测算；此外，电泳检测点样孔较亮，DNA 呈弥散状并有明显拖尾（如图 1-7 所示）。可见此法所提 DNA 纯度不高，质量较差。比较上述两种提取方法的试验结果，认为 CTAB 法（一）为较理想的闽楠基因组 DNA 提取方法，纯度和完整性均较好，基本满足 ISSR 和 AFLP 分析的试验要求。

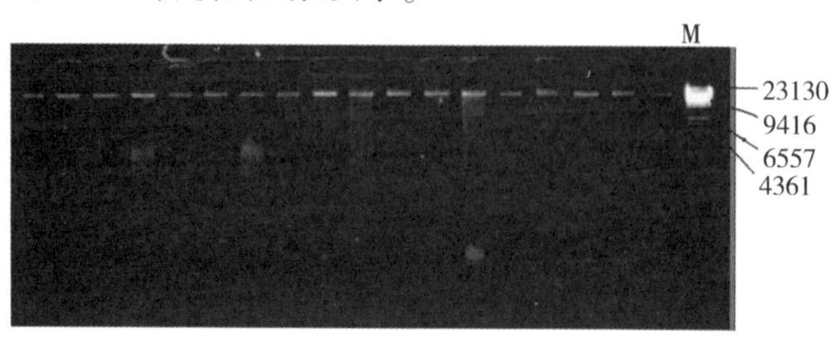

图 1-6 CTAB 法（一）

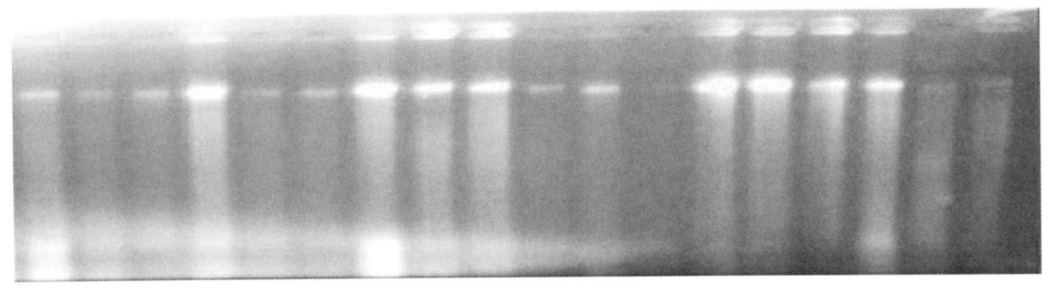

图 1-7 CTAB 法（二）

表 1-14 福建顺昌群体基因组 DNA 的 OD 值

序号	OD_{260}	OD_{280}	OD_{260}/OD_{280}	DNA 浓度（ng/μL）
1	0.029	0.015	1.93	435
2	0.027	0.014	1.93	405
3	0.024	0.013	1.85	360
4	0.032	0.016	1.88	480
5	0.020	0.011	1.82	300
6	0.026	0.014	1.86	390
7	0.025	0.014	1.79	375
8	0.033	0.017	1.79	495
9	0.028	0.015	1.86	420
10	0.024	0.013	1.85	360
11	0.029	0.015	1.93	435
12	0.023	0.013	1.92	375
13	0.022	0.012	1.83	330
14	0.024	0.013	1.85	360
15	0.033	0.018	1.83	495
16	0.029	0.016	1.81	435
17	0.026	0.013	1.86	360
18	0.032	0.017	1.88	480

1.3.2.2 ISSR 优化反应条件筛选

（1）DNA 模板浓度的优化筛选

本试验采用引物 UBC835 对 6 种 DNA 模板浓度（10、20、40、60、120、160ng/μL）进行了优化试验，结果表明（图 1-8）：在 20μL 的反应体系中，DNA 模板浓度不同，其扩增出的谱带数量及扩增产物的产量存在很大差别。当模板浓度为 120~160ng/μL 时，扩增谱带明亮，但背景也很亮；当 DNA 浓度为 40~60ng/μL 时，扩增产物信号强，谱带多，背景清晰；当浓度为 10~20ng/μL 时，扩增产物信号弱，谱带不够清晰。因此模板 DNA 以 40~60ng/μL为宜。

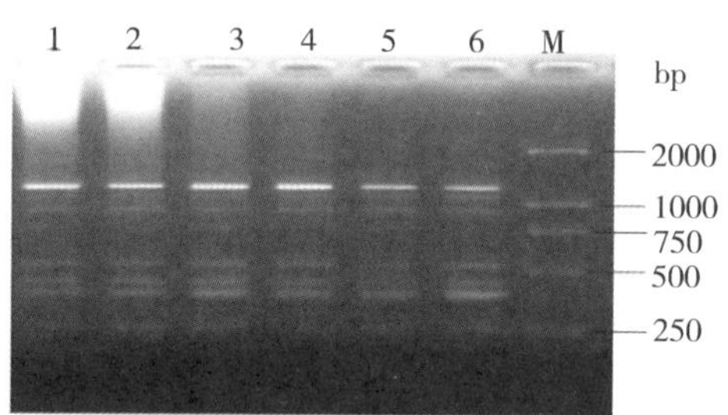

图 1-8　DNA 模板浓度优化筛选（引物为 UBC835）

注：1~6 分别为 DNA 模板浓度 160、120、60、40、20、10ng/μL，M 为 Marker。

（2）Mg^{2+}浓度的优化筛选

本试验设计了 4 种 Mg^{2+}浓度（1、1.5、2.0、2.5mmol/L）进行 PCR 扩增试验，结果表明（图 1-9）：Mg^{2+}浓度过低时（≤1.5mmol/L），扩增出的谱带很弱；浓度提高到 2mmol/L 左右时，扩增出了稳定、清晰的谱带；当浓度过高时（≥2.5mmol/L）有明显的背景干扰。综合考虑，认为 Mg^{2+}浓度以 2.0mmol/L 为宜。

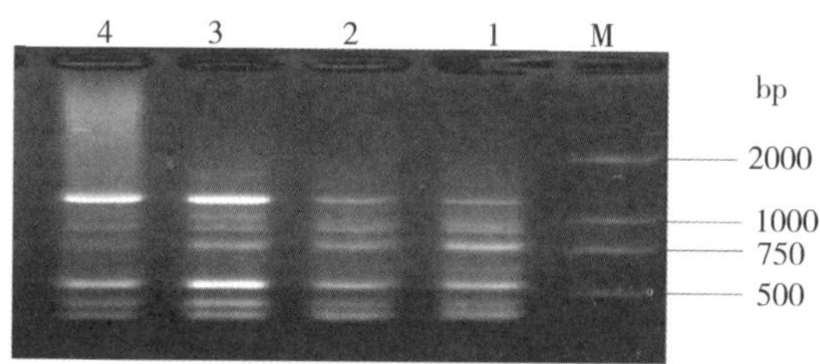

图 1-9　Mg^{2+}浓度优化筛选（引物为 UBC835）

注：1~4 分别为 Mg^{2+}浓度 1、1.5、2.0、2.5mmol/L，M 为 Marker。

（3）dNTPs 浓度优化筛选

本试验设计了 5 种 dNTPs 浓度（0.10、0.15、0.20、0.25、0.30mmol/L）进行试验，PCR 扩增结果表明（图 1-10）：浓度低于 0.15mmol/L，没有 PCR 扩增产物出现或产量极低；浓度在 0.20~0.30mmol/L 之间，扩增谱带数量多，清晰度高。综合成本等因素，选择 0.20mmol/L 为宜。

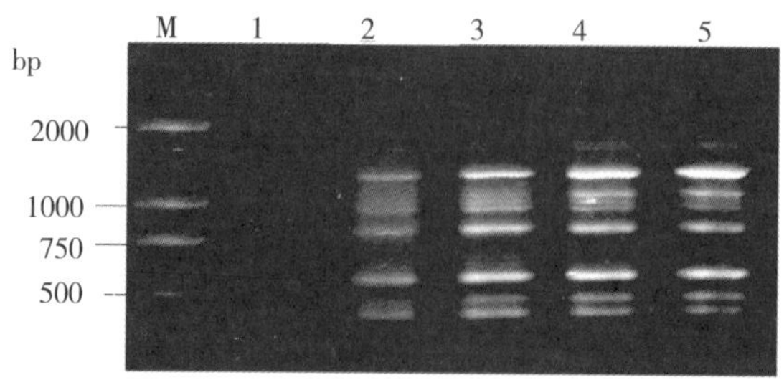

图 1-10　dNTPs 优化试验（引物为 UBC835）

注：1~5 分别为 dNTPs 浓度 0.10、0.15、0.20、0.25、0.30mmol/L，M 为 Marker。

(4) Taq DNA 聚合酶用量优化筛选

本试验设计了5种(0.1、0.2、0.3、0.4、0.5U)Taq DNA 聚合酶浓度进行试验,PCR 扩增结果表明(图1-11):酶用量为0.4U时,扩增谱带丰富且清晰;酶用量为0.1U时,扩增产物模糊不清;酶用量为0.2U、0.3U和0.5U时,扩增结果相似,有少量谱带出现,但不够丰富和清晰。因此,认为Taq DNA 聚合酶用量以0.4U为宜。

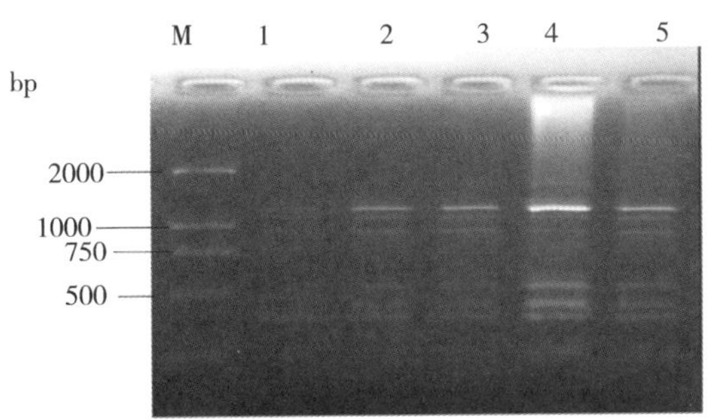

图1-11 Taq DNA 聚合酶用量优化试验

注:1~5为Taq DNA 聚合酶浓度0.1、0.2、0.3、0.4、0.5U,M为Marker。

(5) 引物浓度优化筛选

本试验设计的5种引物浓度(2.0、1.0、0.8、0.5、0.3μmol/L)的试验结果表明(图1-12):引物浓度为1.0μmol/L时,扩增谱带丰富且清晰;引物浓度高于或低于1.0μmol/L,则扩增产物少,谱带不清晰。因此,认为引物浓度以1.0μmol/L为宜。

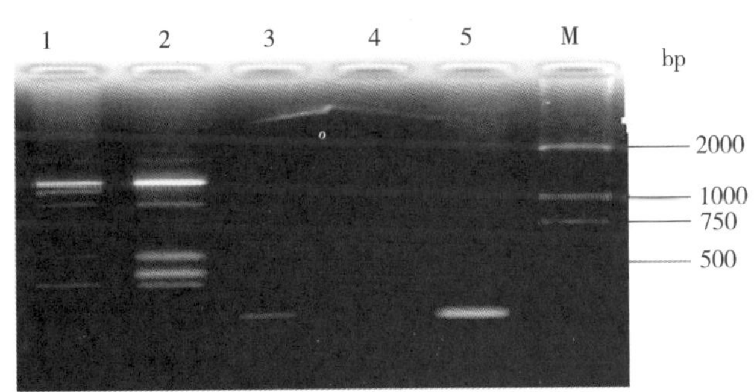

图1-12 引物浓度优化试验(引物为UBC835)

注:1~5分别为引物浓度2.0、1.0、0.8、0.5、0.3μmol/L,M为Marker。

(6) 退火温度优化筛选

本试验根据引物退火温度计算公式[Tm=4×(C+G)+2×(A+T)],得到引物UBC835的退火温度为56℃,以此为基础,在其上下以2℃为一个梯度,共设置7个温度进行优化试验。结果表明(图1-13):退火温度为48~52℃时,扩增的带型相似,谱带较丰富,但48℃和50℃的背景较模糊,条带不太清晰,3个扩增结果以52℃为佳;当退火温度高于56℃时,扩增的谱带数减少,且以小分子谱带为主,但背景和谱带清晰。由此看来,只有在适宜的退火温度范围内才可以获得多态性高、稳定可靠、谱带清晰的扩增产物。相较而言,认为退火温度以52℃为宜。

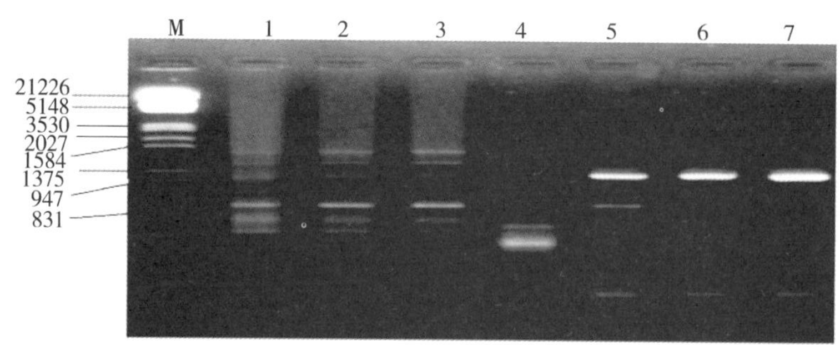

图 1-13　不同退火温度对 PCR 扩增反应的影响

注：引物 UBC835；1~7 分别为退火温度 48、50、52、54、56、58、60℃。

（7）ISSR-PCR 优化反应条件

通过上述对影响 ISSR-PCR 扩增的各因素的优化筛选试验，得出闽楠 ISSR-PCR 最佳反应体系：总体积 20μL，体系内含 10×Buffer 2.0μL，去离子甲酰胺含 2%（V/V），Mg^{2+} 浓度为 2.0mmol/L，dNTPs 浓度为 0.20mmol/L，DNA 模板浓度为 60ng/μL，Taq DNA 聚合酶为 0.4U，引物浓度为 1.0μmol/L，退火温度为 52℃。相应的扩增程序为：94℃ 预变性 5min；94℃ 变性 30s；52℃ 退火 45s；72℃ 延伸 1.5min；循环 38 次；最后 72℃ 后延伸 7min。图 1-14 为采用优化后试验程序及条件的 ISSR-PCR 扩增结果。

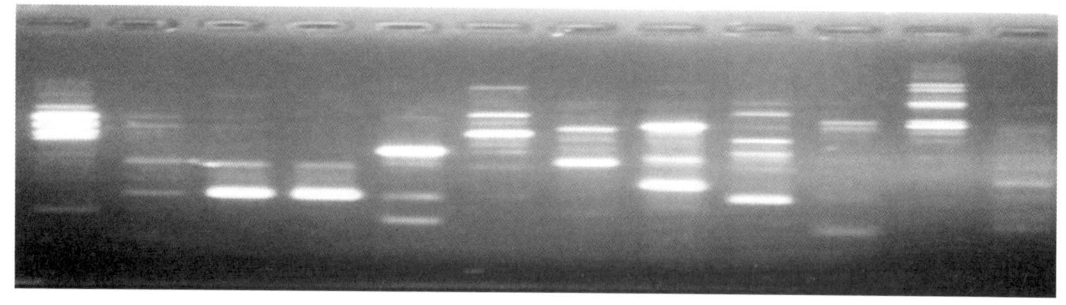

图 1-14　优化程序扩增结果

1.3.2.3　闽楠群体 ISSR 扩增结果

本试验从 100 条 ISSR UBC 系列引物中，初步筛选出具有多态谱带的引物 21 条，进一步进行复筛后，选择出扩增谱带清晰、多态性好的 9 条复筛引物用于对群体进行扩增。扩增结果表明，9 个复筛引物对闽楠 8 个群体共计 193 个样本进行扩增，共计扩增出 101 条谱带，每条引物扩增的多态谱带在 5~13 条之间，扩增片段大小在 400~2000bp 之间，其中获得多态性谱带 84 条，总的多态百分率为 83.16%。9 个复筛引物中，UBC844、UBC881 扩增的谱带最多，达 13 条；UBC880 扩增的谱带最少，仅为 5 条。引物序列及其扩增结果见表 1-15，图 1-15~图 1-22 为引物 UBC844 对 8 个群体的扩增结果。其中：B=C/G/T；D=A/G/T；H=A/C/T；R=A/G；Y=C/T。

表 1-15　引物扩增的总带数和多态性带数

引物	引物序列（5'~3'）	退火温度	扩增总带数	多态性带数	多态百分率（%）
UBC835	$(AG)_8YC$	54	11	9	81.81
UBC841	$(GA)_8YC$	54	11	9	81.81
UBC842	$(GA)_8YG$	54	10	7	70.00
UBC844	$(CT)_8RC$	56	14	13	92.86
UBC880	$(GGAGA)_3$	48	8	5	62.50
UBC881	$(GGGGT)_3$	54	14	13	92.85
UBC889	DBD $(AC)_7$	52	9	8	88.88
UBC337	$(TA)_8RT$	36	11	10	90.91
UBC894	CATGGTGTTGGTCATTGTTCCA	68	13	10	76.92
合计			101	84	83.16

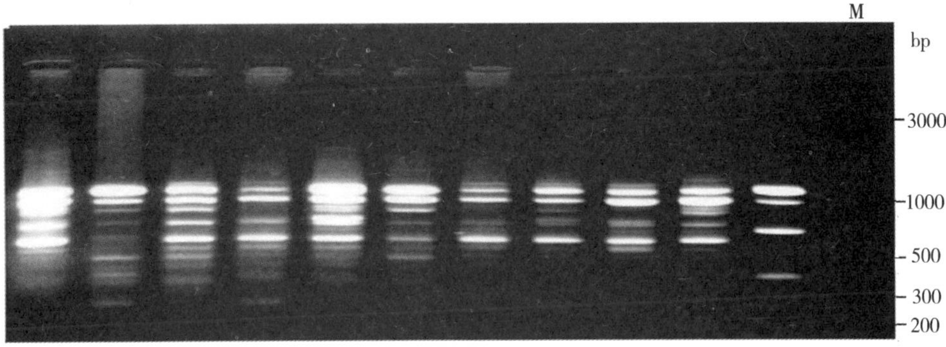

图 1-15　引物 UBC844 对福建南平群体的 ISSR 扩增图谱

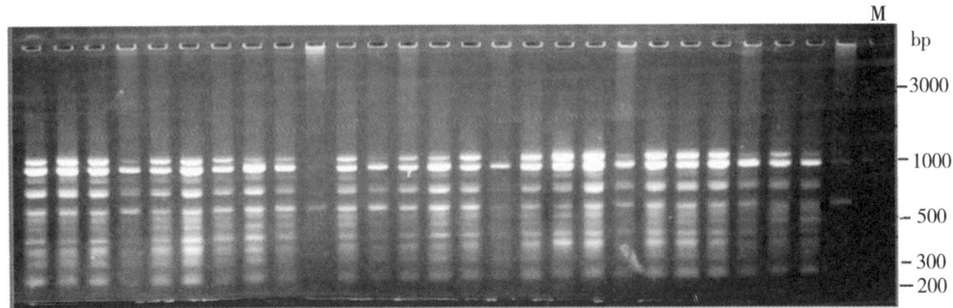

图 1-16　引物 UBC844 对江西吉安群体的 ISSR 扩增图谱

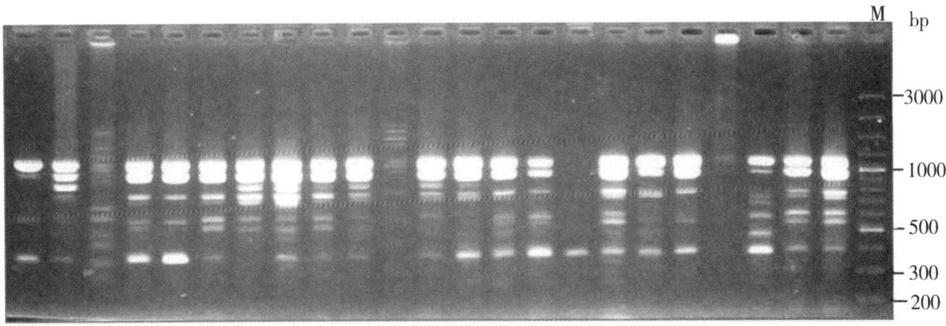

图 1-17　引物 UBC844 对福建永安群体的 ISSR 扩增图谱

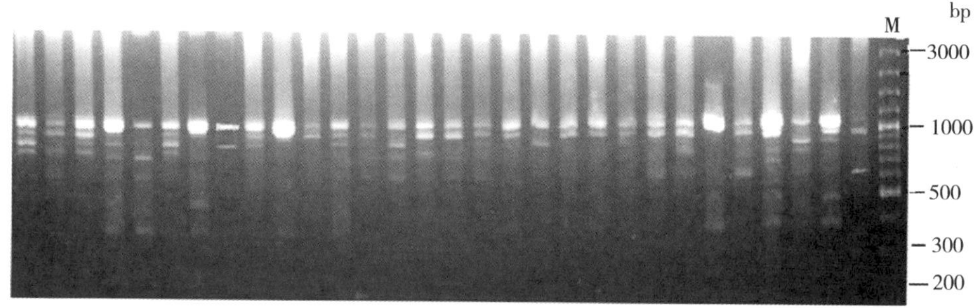

图 1-18　引物 UBC844 对贵州榕江群体的 ISSR 扩增图谱

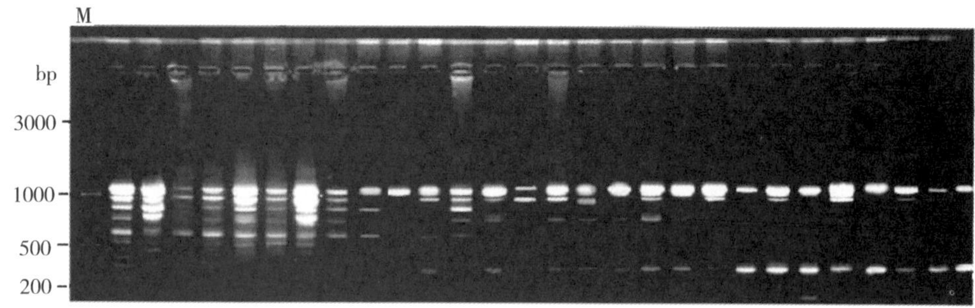

图 1-19　引物 UBC844 对湖南怀化群体的 ISSR 扩增图谱

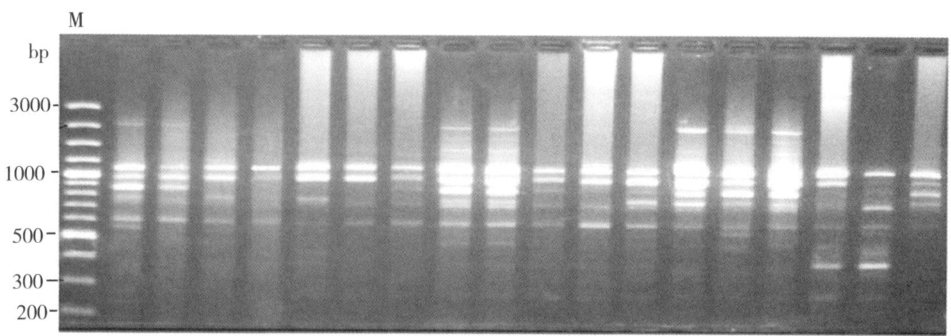

图 1-20　引物 UBC844 对福建顺昌群体的 ISSR 扩增图谱

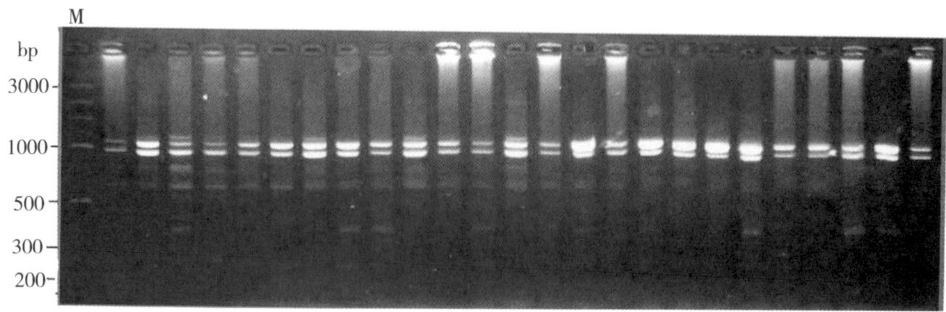

图 1-21　引物 UBC844 对江西宜丰群体的 ISSR 扩增图谱

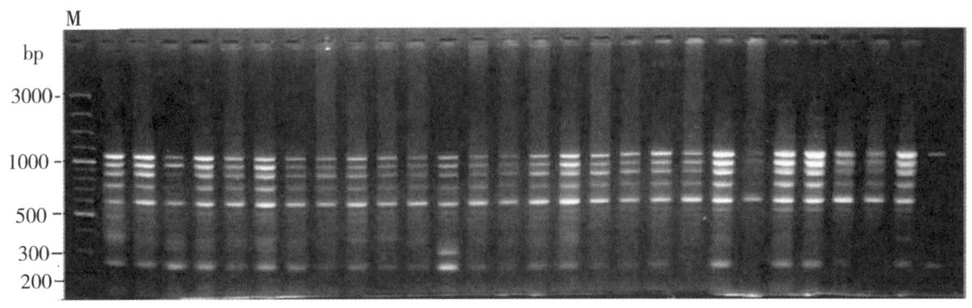

图 1–22　引物 UBC844 对江西龙南群体的 ISSR 扩增图谱

1.3.2.4　闽楠群体遗传多样性和遗传结构分析

本试验按照 Lynch–Milligan 矫正小样本数据的方法，剔除 $q^2<3/N$（N 为取样大小）的谱带后，以基因位点的等位基因频率为基本数据，利用 POPGENE 1.32 软件计算闽楠群体各遗传参数。其中，在评价闽楠遗传多样性参数时，多态位点百分率能直观反应遗传多样性的程度。此外，Nei's 基因多样性指数（H）是假设在某一特定位点上有两个等位基因，根据基因频率来计算基因多样度，主要反映群体间变异在总变异中所占的比率，是衡量群体多样性最常用的指标。检测结果表明（表 1–16），各群体多态位点百分率大小依次为福建顺昌>福建永安>贵州榕江>湖南怀化>江西宜丰>福建南平>江西吉安>江西龙南；同时，8 个闽楠群体的 Nei's 基因多样度在 0.1196～0.3028 之间，其大小依次为福建顺昌>福建永安>江西宜丰>湖南怀化>福建南平>贵州榕江>江西吉安>江西龙南。其中福建顺昌群体两值表现均为最大，而江西龙南群体两值为最小。

表 1–16　闽楠群体遗传多样性值

群体编号	样本数	总位点数	多态位点数 N	多态位点百分率 PPB（%）	Nei's 基因多样度 H
1 福建顺昌	18	81	72	88.89	0.3028
2 福建南平	11	81	56	69.14	0.2698
3 福建永安	24	81	62	76.54	0.2797
4 江西龙南	30	81	19	23.46	0.1196
5 江西宜丰	25	81	57	70.37	0.2743
6 江西吉安	27	81	24	29.62	0.1261
7 湖南怀化	28	81	59	72.84	0.2728
8 贵州榕江	30	81	60	74.07	0.2653

由表 1–17 可以看出，闽楠总的群体基因多样度为 0.3317。其中：群体内为 0.2538，群体间为 0.0779。群体间基因分化系数（Gst）为 0.2349；基因流值仅为 0.8142。此外，应用显性标记揭示群体间遗传分化时，通常还以 0/1 矩阵作为表型数据而采用分子变异方差分析（AMOVA）法和 Shannon 表型多样性指数进行相关分析。

表 1-17　闽楠群体遗传参数

总群体	总的群体基因多样度 Ht	群体内基因多样性 Hs	群体间基因多样性 Dst	基因分化系数 Gst	基因流 Nm
闽楠	0. 3317	0. 2538	0. 0779	0. 2349	0. 8142
St. Dev	0. 0194	0. 0131			

注：Nm = 0. 25 （1-Gst） /Gst。

本研究利用 Shannon 表型多样性指数的分析结果表明（表 1-18）：有 64. 6%的变异存在于群体内，35. 40%的遗传变异存在于群体间。AMOVA 分子方差变异分析结果显示（表 1-19）：闽楠群体间和群体内的遗传变异方差分量分别占总遗传变异量的 21. 42% 和 78. 58%。3 种计算方法的结果虽然存在一定差异，但均表明，闽楠群体内和群体间均存在较强的遗传分化，而且群体遗传变异主要来源于群体内。

表 1-18　闽楠群体 Shannon 多样性表型指数分析

引物	Hpop	Hsp	Hpop/Hsp	（Hsp-Hpop） / Hsp
UBC844	3. . 0781	4. 8973	0. 6285	0. 3715
UBC835	2. 4266	4. 0293	0. 6023	0. 3977
UBC841	2. 4538	3. 8127	0. 6436	0. 3564
UBC881	2. 9573	4. 8374	0. 6113	0. 3887
UBC894	2. 9539	4. 1446	0. 7127	0. 2873
UBC880	1. 4595	2. 1018	0. 6944	0. 3056
UBC842	1. 8514	3. 0207	0. 6129	0. 3871
UBC837	3. 4189	4. 9198	0. 6949	0. 3051
UBC889	1. 8222	2. 9534	0. 6139	0. 3831
平均 Mean			0. 6460	0. 3540

注：Hpop 为群体内 Shannon 多样性指数；Hsp 为闽楠总群体的 Shannon 多样性表型指数；Hpop/Hsp 为变异在群体内所占的比例；（Hsp-Hpop） / Hsp 为群体间所占的比例。

表 1-19　闽楠 8 个种源的分子变异（AMOVA）方差分析结果

变异来源	自由度	平方和	变异组分	变异百分率（%）	*P* 值
群体间	7	318. 2943	5. 01279	21. 42	<0. 0010
群体内	185	1092. 3619	18. 3896	78. 58	<0. 0010
合计	192	1410. 6563			

1. 3. 2. 5　闽楠群体的聚类与相关性分析

为了确定闽楠各群体间的亲缘关系，本研究采用 POPGENE 1. 32 软件计算了 8 个群体的 Nei's 无偏遗传距离（表 1-20 左下角）和相似系数（表 1-20 右上角）。8 个群体间的遗传距离在 0. 0195~0. 2195 之间，相似系数在 0. 8029~0. 9780 之间。其中福建顺昌和福建南平群体的相似程度最大，说明这两个群体亲缘关系较近；江西龙南群体和福建南平群体的相似度最小，说明这两个群体亲缘关系较远。

表 1-20 闽楠 8 个天然群体 Nei's 无偏遗传距离（左下）和相似系数（右上）

群体	1	2	3	4	5	6	7	8
1 福建顺昌	1.0000	0.9780	0.9558	0.8119	0.9047	0.8121	0.9127	0.8816
2 福建南平	0.0222	1.0000	0.9555	0.8029	0.9021	0.8203	0.8952	0.8702
3 福建永安	0.0452	0.0456	1.0000	0.8114	0.8913	0.8067	0.8845	0.8638
4 江西龙南	0.2084	0.2195	0.2090	1.0000	0.8853	0.8730	0.8652	0.8670
5 江西宜丰	0.1001	0.1031	0.1151	0.1219	1.0000	0.9228	0.9663	0.9527
6 江西吉安	0.2081	0.1981	0.2148	0.1358	0.0804	1.0000	0.9151	0.9296
7 湖南怀化	0.0914	0.1107	0.1227	0.1448	0.0343	0.0887	1.0000	0.9807
8 贵州榕江	0.1261	0.1390	0.1464	0.1428	0.0485	0.0730	0.0195	1.0000

采用 UPGMA 聚类法得出的闽楠 8 个群体的遗传距离树状聚类图（图 1-23）。聚类结果显示，利用 ISSR 标记检测技术可将闽楠 8 个群体划分为 2 大类群，即福建的顺昌、南平、永安 3 个群体聚成一类，湖南怀化、江西宜丰与贵州榕江 3 个群体先聚成一类，再与江西吉安群体聚到一起，最后与江西龙南群体聚在一起。

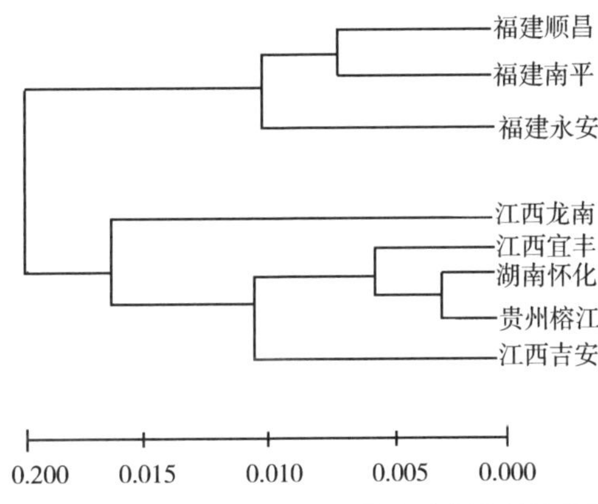

图 1-23 闽楠 8 个天然群体 UPGMA 聚类法得出的遗传距离树状图

表 1-21 为闽楠 8 个天然群体的地理距离。运用软件 IBD 1.52（Isolation By Distance）（王红卫，2006）对闽楠群体的遗传距离和地理距离进行了相关性分析。经 Mantel 检验，闽楠群体的遗传距离与地理距离相关性不高（r=0.1711，P<0.192），未达到显著性水平。但去掉江西吉安群体和江西龙南群体后，闽楠群体的遗传距离与地理距离的相关性系数达显著水平（r=7471，P<0.02）。

表 1-21 8 个天然群体 Nei's 无偏遗传距离（左下）和地理距离（右上）

群体	1	2	3	4	5	6	7	8
1 福建顺昌	1.0000	71.73	102.2	391.3	417.7	286.1	907.2	1051.2
2 福建南平	0.0222	1.0000	172.0	447.2	416.1	315.9	932.9	1085.2
3 福建永安	0.0452	0.0456	1.0000	301.3	410.3	241.4	834.1	982.9
4 江西龙南	0.2084	0.2195	0.2090	1.0000	369.9	202.1	581.2	701.7

（续）

群体	1	2	3	4	5	6	7	8
5 江西宜丰	0.1001	0.1031	0.1151	0.1219	1.0000	196.7	541.9	735.7
6 江西吉安	0.2081	0.1981	0.2148	0.1358	0.0804	1.0000	604.5	769.3
7 湖南怀化	0.0914	0.1107	0.1227	0.1448	0.0343	0.0887	1.0000	206.7
8 贵州榕江	0.1261	0.1390	0.1464	0.1428	0.0485	0.0730	0.0195	1.0000

1.3.3 讨论

1.3.3.1 闽楠基因组 DNA 获得

高质量的 DNA 模板是保证 ISSR 反应稳定、重复性高的重要因素之一。闽楠叶片中含有较多的次生代谢物，采用常规的 CTAB 法提取，CTAB-DNA 混合液非常稠，加入氯仿-异戊醇后很难混匀，离心也无法得到上清，致使下一步试验无法进行。本实验采用 CTAB（一）法，并将每毫升提取液的叶片用量减少至 0.2g，且提高盐的含量，可以降低提取液的黏度，加入氯仿-异戊醇混匀后离心，能够得到分离较好的上清。因此，闽楠基因组 DNA 提取时宜遵循“量少液稀”的原则。在提取液中添加 2%的 β-巯基乙醇和 5%的 PVP 可防止样品褐化。

闽楠叶片中所含次生代谢物对 DNA 提取质量有很大影响，在试验过程中要尽量除去这些杂质。但条件不能太强烈，需保证基因组 DNA 的完整性。本试验表明，采用异丙醇沉淀 DNA 优于用无水乙醇，经漂洗后获得的 DNA 质量更高。

1.3.3.2 ISSR-PCR 反应体系的建立

ISSR 技术是基于 PCR 的一种分子标记技术，其扩增结果易受 DNA 模板浓度、Mg^{2+}浓度、dNTPs、Taq DNA 聚合酶的浓度以及退火温度等的影响。为了得到稳定、可靠的试验结果，对于某一特定物种而言，均有必要对影响 PCR 扩增的因素进行优化筛选试验，以期筛选出最佳反应条件。结果表明：闽楠 DNA 模板浓度以 60ng/μL 为宜，Mg^{2+}浓度以 2.0mmol/L为宜，引物浓度以 1.0mmol/L 为宜，Taq DNA 聚合酶以 0.4U 为宜，退火温度按照理论公式 Tm=4×（C+G）+2×（A+T）的计算值进行小范围调整，一般可以获得较好的扩增结果。

通过单因素优化筛选试验后得出的闽楠 ISSR-PCR 最佳反应条件为：总体积 20μL，其中 10×Buffer 为 2.0μL，Mg^{2+}浓度为 2.0mmol/L，dNTPs 为 0.20mmol/L，去离子甲酰胺浓度为 2%，DNA 模板浓度为 60ng/μL，Taq DNA 聚合酶为 0.4U，引物浓度为 1.0μmol/L；相应的扩增程序为：94℃预变性 5min；94℃变性 30s；52℃退火 45s；72℃延伸1.5min；72℃后延伸 7min；循环 38 次。

1.3.3.3 闽楠群体遗传多样性及遗传结构

Hamrick（1987）对 655 种植物的遗传多样性的统计结果表明：群体水平的基因多样性（Ht）为 0.113，多态位点百分率（PPB）为 34.6%。本试验选取了福建、江西、湖南、贵州 8 个闽楠供试群体，采用 ISSR 分子检测和 POPGENE 软件进行数据分析后，结果如下：闽楠8个群体的多态位点百分率在23.46%~88.89%之间，总的多态位点百分率达到83.16%；8个群体的Nei's基因多样性在0.1196~0.3028之间，总的群体基因多样性为0.3317，表明闽楠具有比较丰富的遗传多样性。江香梅等（2009）对福建、江西两省闽楠部分群体的RAPD标记结果表明：其总的群体基因多样性为0.3688，与本试验结果较为一致，进一步表明闽楠的遗传多样性比较丰富。闽楠总的群体基因多样性高于樟科润楠属舟山群岛的红楠群体（冷欣等，2006）（ISSR标记，其总的基因多样性为0.277），也高于思茅木姜子（ISSR标记，其总的基因多样度为0.246）（陈俊秋等，2006），进一步显示闽楠具有较高的遗传多样性。

植物物种的地理分布范围、环境因素等均会对植物的遗传多样性产生影响。2007年Richard等（2007）在《Science》上发表文章指出，拟南芥与外界环境相互作用相关（比如抵御病原体和感染）的基因，其可变性大大超过功能基因，表明环境对遗传多样性影响巨大。一般而言，广布种的遗传多样性会高于狭域种（Hamrick，1987）。闽楠作为濒危物种，却有着较高的遗传多样性，这是与其独特的生境及生物学特性相适应的。闽楠种群绝大部分以聚群形式生长于阴湿沟谷地带，虫媒授粉是其主要的授粉方式，而虫媒传播距离十分有限；同时，闽楠种子为中粒种子，种子易在林冠下形成种子雨，据吴大荣等（2001）在福建罗卜岩闽楠种质资源保护区观测，闽楠大部分果食依靠重力直接从母树上掉落，只有低于9.9%的果实是由鸟类传播，种子传播范围主要集中在母树周边。本试验结果表明：闽楠8个天然群体的基因流（Nm）仅为0.8142，表明群体间的基因流动水平偏低，群体较为独立，各群体间缺乏有效的基因交流，这与闽楠实际分布状况相符。而母树所处生境阴湿，闽楠种子后熟期较长，还没有来得及萌发，就有部分种子受土壤病原菌的感染而发生霉烂，加之地下动物的觅食，使得天然状态下闽楠发芽率降低；此外，林冠内萌发的种子得到的光照不足，其形成的幼苗长势明显不及林隙内的，种内和种间竞争加剧，群体内个体死亡率提高。在巨大的内外环境选择压力下，群体内个体产生变异以适应这种生境的需要，从而使得在天然状态下呈聚集状分布的闽楠群体，在有限的基因交流下，仍旧能够克服遗传漂变的不利影响，完成个体的自我更新繁衍。

Shannon表型多样性指数为35.40%，AMOVA分子方差变异巢式分析所得结果为21.42%，而应用POPGENE软件计算出的遗传分化系数则为Gst=0.2349，三种方法的分析结果存在一定的差异。存在差异的主要原因有二：其一与数据处理方法不同有关；其二计算Shannon表型多样性表型指数时所用数据为Lynch-Milligan矫正前的原始数据，本试验为验证数据分析准确性也曾试用矫正后数据计算Shannon表型多样性表型指数，结果为28.57%。三者数据虽然存在一定差异，但都显示闽楠群体具有强烈的遗传分化，且其遗传变异主要来源于群体内部。闽楠的遗传分化系数高于异交种的遗传分化系数（Gst=0.155），低于自交种的遗传分化系数（Gst=0.596）（Bussell，1999）。植物群体的遗传结构取决于群体自交或近交所占的比重（Loveless and Hamrick，1984）。这说明闽楠是以异交为主，存在一定程度的自交。孤岛聚群式分布，群体间缺乏有效的基因交流，花粉及种子传播范围受限等是造成闽楠遗传分化系数偏高的重要原因之一。

1.3.3.4 闽楠群体遗传距离与地理距离相关性

对本研究所用的8个群体进行遗传距离与地理距离相关性分析，结果显示二者相关性不高（r=0.1711，P<0.192）。但排除湖南、贵州群体之后，福建、江西两省的群体却表现出较高的相关性（r=0.6547，P<0.05），这与江香梅等（2009）利用RAPD标记对福建、江西两省8个闽楠天然群体分析的结果（r=0.4856，P<0.05）较为一致，这表明福建、江西两省闽楠天然群体之间的亲缘关系与相距的地理距离有较密切的关系。

1.4 闽楠遗传多样性保护初步建议

种内多样性消失是物种消失的先导（吴晓春等，2000），故保护闽楠遗传多样性是保护闽楠的核心内容。

物种的多样性受突变、基因流、选择和遗传漂变等多种因子的共同作用，同时还和物种的进化历史、分类地位、习性、交配系统、种子扩散机制、分布地区、演替阶段、物候、各种不亲和机制和环境等有关。闽楠由于其生境片段化，群体间遗传分化系数较高，而群体内与群体间又具有较高的遗传多样性等特点，对闽楠遗传资源的保护宜采取既有效保护群体，又保护群体内个体的保护策略。一方面，针对不同地域闽楠天然群体分布的特点，采取就地保护和迁地保护相结合的方式：对分布较集中的大群体，以建立保护区就地保护为主，既经济又有效；同时收集相关基因资源，辅以建立迁地保护区，以满足科研和生产的需要。对分布范围较窄，群体较小且生境较脆弱的闽楠遗传资源，则宜在进行就地保护的基础上，建立个体数量尽可能多（30个以上）的抢救性迁地保护区，在满足科研、生产需要的同时，达到有效保护基因资源的目的。另一方面，建立迁地保护区时，必须考虑最佳保护容量问题。由于本研究只采集了4个省区的部分群体进行研究，尚不能确定全分布区的群体是否都需要保护。但已有研究和本研究表明，闽楠群体由于生境片段化，群体间存在着较强烈的遗传分化，因此，有效保护尽可能多的群体是保护闽楠遗传多样性的关键。其次，闽楠群体内个体的保护量也是保护成本和有效保护基因资源的重要因素。本研究在试验中发现，采样个体较少（少于15个）的群体，其遗传多样性往往较低，而采样个体达到30个以上的群体，其遗传多样性往往较高。究竟多少个体才适宜，则尚待进一步研究，本研究初步认为，以不少于30个个体为佳。

保护物种的多样性除学术层面外，还必须大力普及物种保护的知识，提高全民保护意识，健全相关法律法规，使天然资源在法律的框架下得到有效保护。

第2章 闽楠育苗技术研究

闽楠素以材质优良而闻名，其干形通直，材质致密坚韧，为上等建筑、家具、造船及工艺雕刻等良材（福建森林编委会，1993）。然而，由于长期以来对珍贵阔叶树资源的不合理利用与破坏，加上楠木生长缓慢，成林成材时间长，人工造林成效差等原因，导致闽楠资源严重短缺（范辉华等，2016）。林木生长发育不但受遗传因子和立地环境的控制，而且也受经营措施的影响，因此，掌握林木的生长发育规律是人工林经营的基础。本章拟通过对闽楠育苗技术研究，旨在为闽楠规范化造林、提高造林成活率和质量、降低造林成本、提升造林成效等提供技术支撑。

2.1 种子

2.1.1 种子形态

闽楠为耐阴树种，天然林中以种子雨撒落在母树树冠下部发芽、成苗达到天然更新的目的，长期适应的结果，使得闽楠的种子较大，属中粒种子。闽楠果椭圆形或长圆形，长1.1~1.5cm，径0.6~0.7cm，宿存花被裂片紧贴果基部。闽楠种子橄榄形，长约1.0cm，径约0.50cm，种子一般成熟于11月下旬至12月中旬，当果实由青转变为蓝黑色时，即可采集。

2.1.2 种子播种品质测定

对不同种源不同单株的闽楠种子的品质如净度、千粒重、含水量、发芽率、参考播种量等进行测定，大量试验测定结果表明，闽楠种子的绝干千粒重平均为165g，气干状态下种子的含水量为13.5%，闽楠种子的发芽率较高，实验室发芽率为74.5%，优良度为76.3%。闽楠正常种子与空种子、杂物易分开，因此，种子纯净度一般可达95%以上。

2.1.3 同一种源不同单株闽楠种子千粒重、含水率比较

2011年12月从湖南张家界分单株收集20株闽楠种子，对20株单株闽楠种子的绝干千粒重、含水量进行测定。由表2-1可知，在同一时间采自同一种源的不同单株的闽楠种子的绝干千粒重及相对含水量间存在极显著的差异。20个单株的闽楠种子中，种子绝干含水量最大值（9号单株）是最小值（6号单株）的1.1倍，种子相对含水量最大值（10

号单株）是最小值（9 号单株）的 1.5 倍。且呈现出 20 个单株中闽楠种子绝干千粒重相对较大的单株种子的相对含水量则相对较小的趋势，9 号单株种子绝干千粒重在 20 个单株中最大，而其相对含水量为 20 个单株中最小，单株种子也体现出绝干千粒重相对偏大则相对含水量相对偏小的现象。

表 2-1　张家界种源 20 株单株闽楠种子千粒重、含水量比较

单株号	绝干千粒重（g）	相对含水量（%）
1	146.48±1.91ab	50.41±0.26defg
2	152.89±2.78b	44.38±0.90abcd
3	149.91±0.97ab	48.62±0.68cdef
4	148.73±2.04ab	49.10±1.12cdef
5	148.15±2.37ab	48.63±0.57cdef
6	144.72±3.67a	51.21±1.09efg
7	151.82±0.87ab	45.54±1.01abcde
8	151.10±3.10ab	44.84±0.31abcde
9	161.64±3.70c	37.97±1.39a
10	146.31±2.48ab	56.26±2.67g
11	149.85±2.04ab	48.56±0.33cdef
12	147.29±2.67ab	50.74±2.07bcdef
13	151.93±3.29ab	52.73±3.26fg
14	153.61±0.11b	43.47±0.93abc
15	153.75±1.15b	41.73±0.65ab
16	145.60±0.62ab	45.42±2.38abcde
17	149.88±1.90ab	44.02±0.30abcd
18	153.58±3.82b	46.14±0.81bcde
19	151.92±2.62ab	45.25±2.65abcde
20	149.53±2.26ab	48.88±0.20cdef

注：表中不同字母表示差异极显著（$P<0.01$）。

2.1.4　不同种源闽楠种子千粒重、含水率及发芽率比较

2011 年 11~12 月分别采集江西吉安、江西潭山、江西南康、江西泰和、湖南张家界、江苏宿迁、贵州绥阳、福建南平和福建龙岩等地共 9 个种源的闽楠种子，对这 9 个种源的闽楠种子的绝干千粒重、含水量及发芽率进行测定，对这 9 个种源的闽楠种子进行室内发芽培养，每种源设 4 个重复，每重复 50 粒种子，结果见表 2-2。由表 2-2 可知，不同种源闽楠种子的绝干千粒重和相对含水量差异极显著，在这 9 个种源中，江苏宿迁的闽楠种子绝干千粒重最大，江西泰和的闽楠种子绝干千粒重最小，最大值为最小值的 1.4 倍。江西泰和闽楠种子的相对含水量最大，达 57.92%，相对含水量最小值为福建南平闽楠种子，相对含水率量为 34.46%，仅为江西泰和的 60%。9 个种源种子发芽率在 64.67%~94.67%

之间，发芽率最大值（江西泰和）是最小值（福建龙岩）的1.46倍。

表2-2 不同种源闽楠种子千粒重及含水量比较

种源	绝干千粒重（g）	相对含水量（%）	发芽率（%）
江西吉安	150.70±4.33b	47.22±4.50bcd	84.00±6.00
江西潭山	189.48±2.46f	50.40±1.70cde	92.67±3.06
江西南康	161.35±3.73cd	55.20±1.54de	82.00±4.00
江西泰和	138.30±4.42a	57.92±2.28e	94.67±3.06
湖南张家界	152.58±0.99bc	51.60±0.28de	86.67±6.11
江苏宿迁	192.82±2.95f	50.04±0.76cde	85.33±4.16
贵州绥阳	146.09±2.65ab	41.59±1.40abc	81.33±4.16
福建南平	177.24±3.49e	34.46±2.58a	70.67±4.16
福建龙岩	168.19±2.66d	38.24±1.33ab	64.67±3.06

注：表中不同字母表示差异极显著（$P<0.01$）。

2.1.5 闽楠种子参考播种量

闽楠种子实际播种量要依据闽楠种子发芽率及净度等种子品质指标而定。根据闽楠种子千粒重、发芽率、净度等质量检测结果，可将闽楠种子分成三级，具体参数及参考播种量见表2-3。

表2-3 闽楠种子参考播种量表

种子级别	纯净度（%）	发芽率（%）	参考播种量（kg/亩）
Ⅰ级	>98	>90	4.50
Ⅱ级	95~98	80~90	5.16
Ⅲ级	90~95	70~80	6.22

注：每亩（1亩=667m^2）产苗量按20000株计。

2.1.6 闽楠种子发芽势、发芽率、发芽天数

闽楠种子无后熟期，实验室播种后8~10d即开始发芽，从播种到发芽结束的时间平均为30d。闽楠种子发育较充分，正常情况下实验室平均发芽率可达85%以上。

2.2 根系

2.2.1 形态特征

闽楠根系呈直根系分布，主根明显，从主根上生出侧根，主次分明，从外观上，主根发育强盛，在粗度与长度方面极易与侧根区别。通过对闽楠的根系观察测定可知，容器苗与移栽苗苗木之间、不同种源之间的根系均存在显著差异，不同树龄的闽楠根系在形态和物质积累上也表现出一定的差异。

2.2.1.1 容器苗与移栽苗根系形态比较

2008年初，在江西省林业科学院院部温室播种培育闽楠容器苗，2010年初部分苗木

移栽到院部荫棚苗圃地，部分继续留温室培育容器苗，2011 年初对 3 年生的闽楠容器苗和移栽苗的主根长、一级侧根长及一级侧根数进行观察测定，结果见表 2-4。由表 2-4 可知，虽然移栽苗仅移栽 1 年，但与容器苗的主根长、一级侧根长、一级侧根数均表现出极显著差别。移栽苗的一级侧根长度和数量均显著大于容器苗，但主根长度显著小于容器苗。可见，苗木移栽后，随着根系生长空间和可吸收的土壤营养的增加，苗木侧根的长度和数量趋于增加，但主根长度生长较容器苗慢。

表 2-4　闽楠容器苗与移栽苗根系形态比较

苗木种类	主根长（cm）	一级侧根长（cm）	一级侧根数（条）
容器苗	20. 7±6. 4b	8. 7±7. 3a	15. 5±5a
移栽苗	12. 1±6. 8a	10. 0±6. 5b	21. 30±4. 2b

注：调查样本数 30 株，表中不同字母表示差异极显著（$P<0.01$）。

2. 2. 1. 2　不同种源移栽苗、容器苗根形态比较

2008 年初，在江西省林业科学院院部温室播种繁育闽楠 4 个种源（福建建瓯、福建将乐、江西遂川、江西龙南）的容器苗，部分 2010 年初移栽至荫棚，部分继续在温室内容器培育，2010 年底各种源的移栽苗和容器苗各取 3 株，对其主根长、一级侧根长及一级侧根数进行观察测定，不同种源和不同苗木培育方式对闽楠苗木根系生长的双因素方差分析结果见表 2-5～表 2-7。

表 2-5　种源和苗木培育方式对闽楠苗木主根生长的双因素方差分析表

变异来源	平方和	自由度	均方	*F* 值	*P* 值
种源	325. 208	3	108. 403	1. 824	0. 183
苗木培育方式	126. 042	1	126. 042	2. 121	0. 165
种源×苗木培育方式	121. 875	3	40. 625	0. 684	0. 575
误差	950. 833	16	59. 427		
总变异	5925. 000	24			
校正总变异	1523. 958	23			

注：$P<0.05$ 表示存在显著差异，$P<0.01$ 表示存在极显著差异。

表 2-6　种源和苗木培育方式对闽楠苗木一级侧根根长生长的双因素方差分析表

变异来源	平方和	自由度	均方	*F* 值	*P* 值
种源	226. 606	3	75. 535	6. 145	0. 006
苗木培育方式	11. 943	1	11. 943	0. 972	0. 339
种源 * 苗木培育方式	32. 757	3	10. 919	0. 888	0. 468
误差	196. 684	16	12. 293		
总变异	3439. 477	24			
校正总变异	467. 989	23			

注：$P<0.05$ 表示存在显著差异，$P<0.01$ 表示存在极显著差异。

表 2-7　种源和苗木培育方式对闽楠苗木侧根数生长的双因素方差分析表

变异来源	平方和	自由度	均方	*F* 值	*P* 值
种源	34. 333	3	11. 444	2. 409	0. 105
苗木培育方式	140. 167	1	140. 167	29. 509	0. 000
种源×苗木培育方式	175. 500	3	58. 500	12. 316	0. 000
误差	76. 000	16	4. 750		
总变异	1602. 000	24			
校正总变异	426. 000	23			

注：$P<0.05$ 表示存在显著差异，$P<0.01$ 表示存在极显著差异。

通过种源和苗木培育方式对闽楠苗木主根长、一级侧根长、一级侧根数生长的双因素方差分析可知，种源、苗木培育方式、种源和苗木培育方式的交互作用对闽楠苗木的主根长生长均无显著影响。种源对一级侧根长生长有极显著影响，但对苗木侧根数无显著影响。苗木培育方式、种源和苗木培育方式的交互作用对一级侧根长无显著影响，但对侧根的数量均有极显著的影响。可见，容器育苗和移栽育苗对闽楠幼苗根系的主根和侧根的长度生长影响不大，其影响主要表现在侧根的数量上，闽楠苗木移栽后，由于空间和营养的释放，其侧根数量迅速增加，生长繁茂，吸收水和营养成分的根系面积增大，进而有力促进地上部分的生长。

表 2-8 为 4 个种源（福建建瓯、福建将乐、江西遂川、江西龙南）的闽楠幼苗分移栽和温室容器培养两种培养方式的 8 个处理间的闽楠幼苗的主根长、一级侧根长及一级侧根数的比较。可见不同种源及苗木培育方式间的闽楠苗木主根长没有大的差别，容器袋中培养的苗木的主根长比移栽苗木的主根略长。4 个种源容器袋和移栽培育的闽楠幼苗主根平均长分别为 12. 9cm 和 11. 3cm，容器苗主根长比移栽苗长 14%。

表 2-8　闽楠不同种源移栽苗和容器苗根系形态比较

苗木种类	主根长（cm）	一级侧根长（cm）	一级侧根数（条）
建瓯移栽苗	9. 7±3. 8a	14. 3±4. 1ab	10±4bc
将乐移栽苗	11. 3±6. 5a	12. 5±3. 6ab	7±1ab
遂川移栽苗	13. 7±4. 9a	8. 3±0. 9ab	14±2c
龙南移栽苗	10. 3±5. 9a	12. 2±1. 5ab	7±3ab
建瓯容器苗	12. 7±8. 7a	16. 5±1. 3b	2±1a
遂川容器苗	14. 8±1. 3a	8. 5±2. 9ab	6±1bc
将乐容器苗	13. 7±5. 9a	5. 4±4. 7a	2±2a
龙南容器苗	10. 2±5. 3a	11. 3±5. 8ab	4±2ab

注：调查样本数 3 株，表中不同字母表示差异显著（$P<0.05$）。

不同种源间一级侧根长度相差较大，建瓯种源移栽苗和容器苗的一级侧根长均为同种培育方式下最长，其次为龙南种源。建瓯种源两种培育方式下的一级侧根长均值为15. 4cm，分别为遂川和将乐种源的 1. 8 和 1. 7 倍。移栽苗木的一级侧根的数量显著大于容器袋培养的苗木，遂川种源的两种培育方式下一级侧根长均值虽均为 4 个种源间最小，但其一级侧根数量为同种培育方式下最多。

2.2.1.3 不同树龄的闽楠间根形态比较

闽楠根系为深根性树种，根系较发达，根部有较强的萌生力，主干受损伤后，常形成分叉木，随着树龄的增大，根系形态变化较大。容器袋培育的闽楠 2 年生幼苗主根可达 20cm 左右，一级侧根 15cm 左右；造林后 1 年内，主根生长较缓慢，侧根生长至 20cm 以上；造林后 3~5 年，闽楠幼树主根可达 1m 以上，根幅 2m 左右，和冠幅相差不大；造林后 11 年，主根可达 2m 以上，根幅 6m 左右，比冠幅大 1 倍。

2.2.2 生物量

2.2.2.1 容器苗与移栽苗根系生物量比较

2008 年初，在江西省林业科学院院部温室播种培育闽楠容器苗，2010 年初部分苗木移栽到院部荫棚苗圃地，部分继续留温室培育容器苗，2011 年初对 3 年生的闽楠容器苗和移栽苗的主根干重、细根干重、根系总干重进行测定，结果见表 2-9。由表 2-9 可知，同龄移栽苗的主根生物量、细根生物量及根总生物量均极显著大于容器苗，移栽苗的主根生物量、细根生物量、根总生物量分别为容器苗的 2.1、3.0、2.3 倍。闽楠容器苗移栽后，由于空间和营养的供应增大，根系生长明显比容器苗发达，将有利于闽楠苗木地上部分的迅速生长。

表 2-9 闽楠容器苗与移栽苗根系生物量比较

苗木种类	主根干重（g）	细根干重（g）	根总干重（g）
容器苗	1.58±0.64a	0.57±0.24a	2.15±0.64a
移栽苗	3.25±0.95b	1.69±0.64b	4.94±1.36b

注：闽楠容器苗为 2008 年播种，移栽苗为 2008 年播种，2010 年初移栽至荫棚，调查样本数 30 株，表中不同字母表示差异极显著（$P<0.01$）。

2.2.2.2 不同种源移栽苗、容器苗根生物量比较

2008 年初，在江西省林业科学院院部温室播种繁育闽楠 4 个种源（福建建瓯、福建将乐、江西遂川、江西龙南）的容器苗，部分 2010 年初移栽至荫棚，部分继续在温室内容器培育，2010 年底各种源的移栽苗和容器苗各取 3 株，对其主根长、一级侧根长及一级侧根数进行观察测定，不同种源和不同苗木培育方式对闽楠苗木根系生长的双因素方差分析结果见表 2-10~表 2-12。通过种源和苗木培育方式对闽楠苗木主根干重、细根干重及根总干重的双因素方差分析可知，种源、种源和苗木培育方式的交互作用对闽楠苗木主根干重、细根干重及根总干重均无显著影响，而苗木培育方式对闽楠苗木细根干重无显著影响，但对主根干重、根总干重均有显著影响。可见不同苗木培育方式对闽楠幼苗根系生物量的影响很大，幼苗移栽后营养和空间的增大，使苗木根系生长旺盛。

表 2-10 种源和苗木培育方式对闽楠苗木主根生物量的双因素方差分析表

变异来源	平方和	自由度	均方	F 值	P 值
种源	0.991	3	0.330	0.453	0.719
苗木培育方式	12.056	1	12.056	16.538	0.001
种源×苗木培育方式	2.859	3	0.953	1.307	0.306
误差	11.663	16	0.729		
总变异	132.697	24			
校正总变异	27.570	23			

注：$P<0.05$ 表示存在显著差异，$P<0.01$ 表示存在极显著差异。

表 2-11 种源和苗木培育方式对闽楠苗木细根生物量的双因素方差分析表

变异来源	平方和	自由度	均方	F 值	P 值
种源	0.270	3	0.090	0.180	0.909
苗木培育方式	3.904	1	3.904	7.802	0.051
种源×苗木培育方式	0.333	3	0.111	0.222	0.880
误差	8.007	16	0.500		
总变异	36.755	24			
校正总变异	12.514	23			

注：$P<0.05$ 表示存在显著差异，$P<0.01$ 表示存在极显著差异。

表 2-12 种源和苗木培育方式对闽楠苗木根总生物量的双因素方差分析表

变异来源	平方和	自由度	均方	F 值	P 值
种源	2.074	3	0.691	0.358	0.784
苗木培育方式	29.682	1	29.682	15.359	0.001
种源×苗木培育方式	4.745	3	1.582	0.818	0.502
误差	30.920	16	1.932		
总变异	297.751	24			
校正总变异	67.421	23			

注：$P<0.05$ 表示存在显著差异，$P<0.01$ 表示存在极显著差异。

由表 2-13 可知，4 个种源的移栽苗的主根干重、细根干重、根总干重均大于容器培育的苗木，4 个种源的移栽苗木主根干重、细根干重、根总干重的平均值分别为容器培育的 2.0、2.3、2.1 倍。主根干重最大处理（龙南移栽苗）为最小处理（龙南容器苗）的 3.1 倍，细根干重最大处理（遂川移栽苗）为最小处理（建瓯容器苗）的 2.9 倍，根总干重最大处理（龙南移栽苗）为最小处理（建瓯容器苗）的 3.0 倍。

表 2-13 闽楠不同种源移栽苗和容器苗根系生物量比较

苗木种类	主根干重（g）	细根干重（g）	根总干重（g）
建瓯移栽苗	2.58±1.74abc	1.41±0.82a	3.99±2.55abc
将乐移栽苗	2.13±0.23abc	1.05±0.64a	3.18±0.86abc

（续）

苗木种类	主根干重（g）	细根干重（g）	根总干重（g）
遂川移栽苗	3.07±0.54bc	1.64±1.04a	4.71±1.23bc
龙南移栽苗	3.43±1.25c	1.53±1.20a	4.95±2.31c
建瓯容器苗	1.11±0.50a	0.56±0.31a	1.67±0.67a
遂川容器苗	1.75±0.22ab	0.63±0.27a	2.38±0.41abc
将乐容器苗	1.57±0.40ab	0.60±0.40a	2.17±0.67ab
龙南容器苗	1.10±0.67a	0.62±0.30a	1.72±0.59a

注：表中不同字母表示差异极显著（$P<0.05$）。

2.2.2.3 不同树龄的闽楠间的根生物量比较

对苗圃内3年生闽楠幼苗、白云山林场造林后3年幼树、造林后8年幼树和造林后26年的树木的根系生物量进行调查，结果见表2-14。3年生苗木根系总生物量仅4.94g，造林后3年根系生物量速度增长至1996.6g，造林后8年增长至8593.4g，造林后26年增长至14357.4g。造林后前3年，闽楠根系生物量年平均增长量为663.9g，造林后3~8年，闽楠根系生物量年平均增长量为1319.4g，造林后8~26年，闽楠根系生物量年平均增长量为320.2g。可见闽楠苗木造林后，根系迅速生长，第3~8年增长速度相对较快，之后，根系生长慢慢趋于稳定，增长速度开始下降。3年生闽楠苗木、造林后3年幼树、造林后8年幼树和造林后26年闽楠的根系生物量分别占整株生物量的25.1%、30.1%、26.1%、19.0%。可见闽楠造林后前8年为根系生长的重要时期，根系生物量占整株生物量的比例较高，造林8年以后，随着地上部分干、枝、叶生长日趋繁茂，根系生物量占整株生物量的比例下降。

表2-14 不同树龄闽楠根生物量比较表

树龄	造林密度	根系总生物量（g）	占整株生物量比例（%）
3年生苗木	/	4.94	25.1
造林后3年	2m×2m	1996.6	30.1
造林后8年	2m×2m	8593.4	26.1
造林后26年	2m×2m	14357.4	19.0

2.2.3 时空变异特性

对同一地点不同造林时间和同一造林时间不同造林地点的闽楠根系进行观察测定。选定江西吉安白云山林场造林8年和造林26年的闽楠、江西南昌塔城造林8年的闽楠的根系情况进行观察测定，结果见表2-15。可见，闽楠根系生长的不同时空变异较大，同为造林8年的闽楠幼树，在塔城和白云山林场造林后，由于造林密度、土壤条件、气候等各方面的差异，生长状况差异显著，根系生长情况也有很大的差别。在塔城造林生长8年的闽楠的根系生物量仅为在白云山林场造林生长8年的14.6%，占整株生物量的比例也低于白云山林场生长的闽楠，一级侧根的数量也明显低于白云山林场生长的闽楠。

由于生长时间的差异，白云山林场相同密度造林的8年闽楠和26年闽楠间根系生长情况变化也较大。虽然造林26年闽楠根系生物量比造林8年的有较大的积累增加，但占整个植株比例反而下降，这也体现了随着生长时间的延长，闽楠干、枝、叶生长速度的加快，生物量物质积累比重开始向地上转移。同一地点，造林8年闽楠和造林26年闽楠根系主根形态和一级侧根数量均保持较稳定的状态。白云山林场造林8年的闽楠根系年均生长增量为造林26年的近2倍，这表明随着时间的推移，闽楠根系生长速度过了高峰期，根系生长及物质积累速度开始趋缓。

表2-15　不同造林时间、不同造林地点闽楠根系比较分析

地点	造林年数（年）	造林密度（m×m）	根系生物量（g）	占整株生物量比例（%）	根系生物量年均增长（g）	根系生长情况
塔城	8	0.5×0.5	1258.1	21.4	157.3	无明显主根，一级侧根8条
白云山林场	8	2.0×2.0	8593.4	26.1	1074.2	无明显主根，一级侧根14条
白云山林场	26	2.0×2.0	14357.4	19.0	552.2	无明显主根，一级侧根13条

2.3 茎（枝、干）

2.3.1 形态特征

闽楠为常绿大乔木，高达逾40m，胸径达2.5m，树干端直，小枝有柔毛或近无毛，幼年期树冠为浓密的尖塔形，壮年期树冠变为钟状，冠层厚。在闽楠生长过程中，枝、干形态存在一定的差异，苗木期主要表现在苗高、地径生长的差异，造林后主要表现在树高、胸径及冠幅上的差异。

2.3.2 幼苗苗高、地径生长情况

2.3.2.1 不同种源闽楠幼苗苗高、地径生长比较

2008年初，在温室内容器袋播种培育7个种源（江西吉安、江西泰和、福建南平、福建沙县、贵州榕江、福建延平、江西龙南）的闽楠幼苗，2009年初移栽至荫棚，2010年初，每种源各取3株，对苗木苗高、地径进行测定，结果见表2-16。可见，不同种源间苗高存在显著差异，地径差异不显著。吉安种源苗高生长最大，沙县种源苗高生长最小，最大值为最小值的1.3倍，吉安种源地径生长也为7个种源中最大，但与种源间没有显著的差异。

表2-16　不同种源闽楠幼苗苗高、地径生长比较

种源	苗高（cm）	地径（cm）
吉安	100.3±18.7c	1.17±0.09a
泰和	87.9±29.6abc	1.16±0.21a
南平	96.8±29.9bc	0.99±0.17a

（续）

种源	苗高（cm）	地径（cm）
沙县	75.3±22.3a	0.94±0.06a
榕江	84.3±19.9ab	0.96±0.16a
延平	85.3±23.8ab	1.10±0.07a
龙南	83.7±31.8ab	1.09±0.17a

注：表中不同字母表示差异显著（$P<0.05$）。

2.3.2.2　不同苗木培育方式闽楠幼苗苗高、地径生长比较

2008年初，在温室进行容器袋播种培育闽楠幼苗，2010年初，部分移栽至荫棚，部分继续温室容器袋培育，2011年初，将移栽苗和容器苗各取30株对苗木的苗高和地径进行调查测定，结果见表2-17。可见，由于移栽后，随着幼苗可占用空间和可吸收的土壤水分及营养成分的增大，闽楠移栽苗地上茎干生长明显比容器苗旺盛。闽楠幼苗移栽1年后，苗木苗高和地径生长都显著大于容器培育，移栽苗苗高和地径分别为容器苗的1.7倍和1.6倍。

表2-17　不同苗木培育方式闽楠幼苗苗高、地径生长比较

苗木培育方式	苗高（cm）	地径（cm）
容器苗	37.3±5.4a	0.42±0.04a
移栽苗	63.7±6.1b	0.67±0.05b

注：表中不同字母表示差异极显著（$P<0.01$）。

2.3.2.3　不同造林年数闽楠树高、胸径及冠幅差异

对造林后3年、8年和26年闽楠树木的树高、胸径及冠幅进行观察测量，结果见表2-18。可知，闽楠造林后前几年树高、胸径及冠幅生长迅速，之后生长趋于缓慢。闽楠造林后前3年、第3~8年、第8~26年、26年的树高年均增长分别为1.17、0.70、0.32、0.49m，胸径年均增长分别为1.33、1.10、0.21、0.51cm。可见闽楠造林后前3年树高和胸径生长速度最快，第8~26年树高和胸径生长速度相对较慢。前3年树高每年生长增量分别为第8~26年和26年的3.68和2.39倍，前3年胸径每年生长增量分别为第8~26年和26年的6.49和2.63倍。造林前8年，闽楠幼树冠幅不断增大，造林8年后，冠幅形态较为稳定，增大较小。

表2-18　不同造林年数闽楠树高、胸径及冠幅特征比较

造林年数（年）	造林密度（m×m）	树高（m）	胸径（cm）	冠幅（m×m）
3	2×2	3.5	4.0	0.8×0.7
8	2×2	7.0	9.5	2.4×2.0
26	2×2	12.7	13.2	2.4×2.2

2.3.3　生物量

2.3.3.1　不同种源闽楠幼苗径生物量

2008年初，在温室内容器袋播种培育7个种源（吉安、泰和、南平、沙县、榕江、

延平、龙南）的闽楠幼苗，2009年初移栽至荫棚，2010年初，每种源各取3株，对苗木茎干生物量进行测定，结果见表2-19。由表2-19可知，7个种源间苗木径生物量存在显著差异，吉安、延平、龙南种源的径生物量较大，沙县和榕江的径生物量较小，其中吉安种源径生物量最大，显著高于沙县和榕江种源，是径生物量最小值（沙县种源）的2.2倍，是榕江种源径生物量的2.1倍。

表2-19　不同种源闽楠幼苗径生物量比较

种源	径生物量（g）
吉安	36.52±13.63b
泰和	21.49±13.09ab
南平	21.15±4.89ab
沙县	16.96±4.81a
榕江	17.14±7.17a
延平	29.99±5.06ab
龙南	29.56±14.41ab

注：调查样本数3株，表中不同字母表示差异显著（$P<0.05$）。

2.3.3.2　不同苗木培育方式闽楠幼苗径生物量

2008年初，在温室进行容器袋播种培育闽楠幼苗，2010年初，部分移栽至荫棚，部分继续温室容器袋培育，2011年初，将移栽苗和容器苗各取30株对苗木的径生物量进行测定，结果见表2-20。可见，闽楠幼苗移栽到荫棚后，由于空间、营养及水分的充分供应，移栽苗茎干生物量积累相对容器苗表现出绝对的优势，移栽1年后，移栽苗径生物量增大为容器苗的3.9倍，且茎干占整株的比例也比容器苗大。

表2-20　不同苗木培育方式闽楠幼苗径生物量比较

苗木培育方式	径生物量（g）	占整株的比例（%）
容器苗	1.89±0.67a	30.2
移栽苗	7.39±1.71b	37.6

注：表中不同字母表示差异极显著（$P<0.01$）。

2.3.3.3　不同造林年数闽楠枝、干生物量

对造林后3年、8年和26年闽楠树木的枝、干生物量进行测量，结果见表2-21。由表2-21可知，随着树龄的增大，闽楠树体枝、干占整株的比例不断上升，造林26年后，枝干生物量占整株的比例达到72.3%，其中树干比例占62.8%，有利于闽楠取材，加上闽楠树干通直，材质优良，因此成为珍贵用材林树种的最佳选择之一。随着树龄的增大，虽然闽楠树体枝干所占比例不断上升，但枝生物量物质积累有向树干转移的趋势，枝生物量占整株的比例下降明显，造林8年后，闽楠枝生长趋于稳定，而树干不断进行物质积累，可达优良干材使用的培育目标。

表 2-21 不同造林年数闽楠枝、干生物量比较

造林年数（年）	造林密度（m×m）	枝生物量（g）	干生物量（g）	枝占整株的比例（%）	干占整株的比例（%）	枝干占整株的总比例（%）
3	2×2	798.0	2154.6	12.0	32.4	44.4
8	2×2	8692.2	10437.2	26.4	31.7	58.1
26	2×2	7178.7	47454.8	9.5	62.8	72.3

2.3.4 时空变异特性

对同一地点不同造林时间和同一造林时间不同造林地点的闽楠枝、干的时空变异特性进行观察测定。选定白云山林场造林 8 年和造林 26 年的闽楠、塔城造林 8 年的闽楠的枝、干变异情况进行观察测定，结果见表 2-22。由表可知，闽楠枝、杆生长的不同时空变异较大，在塔城和白云山林场分别造林 8 年后的闽楠幼树，由于造林密度、土壤条件、气候等各方面的差异，生长状况差异显著，树木生长形态和生物量物质积累均存在很大的差别。塔城造林 8 年的闽楠树高、胸径均明显低于在白云山林场造林 8 年的闽楠，其树高和胸径分别仅为白云山林场的 61.4%和 53.7%。不同地点的闽楠枝、干的空间变异不仅表现在高、粗等形态上，在生物量物质积累上的区别更大。塔城造林 8 年的闽楠的枝和干生物量仅为白云山林场造林 8 年的 11.4%和 28.3%，白云山林场造林 8 年的闽楠的枝、干生物量年均增量是塔城造林 8 年闽楠的 4.9 倍，生长速度明显快于塔城造林闽楠。

同在白云山林场造林，且造林密度相同的 8 年和 26 年闽楠枝、干生长也表现出了一定的时空变异特性。随着造林时间的推移，闽楠树高、胸径、枝生物量、干生物量增大的同时，还表现出枝生物量占整株生物量比例的大幅下降和干生物量占整株生物量比例大幅上升的趋势。造林 26 年闽楠枝生物量所占比例下降为造林 8 年时的 36.0%，而干生物量所占比例上升为造林 8 年时的 2.0 倍。干生物量比例的上升，表明随着造林时间的延长，树木趋近成熟，树木可用干材比例的不断上升。白云山林场造林 8 年闽楠的枝、干年均生物量增长略高于造林 26 年的闽楠，表明随着闽楠生长时间的增大，闽楠枝、干生长速度开始下降，生物量物质积累开始趋缓。

表 2-22 不同造林时间和不同造林地点闽楠枝、杆时空变异分析

地点	造林年数（年）	造林密度（m×m）	树高（m）	胸径（cm）	枝生物量（g）	占整株生物量比例（%）	干生物量（g）	占整株生物量比例（%）	枝、干年均生物量增长（g）
塔城	8	0.5×0.5	4.3	5.1	987.6	16.8	2951.2	50.2	492.4
白云山林场	8	2.0×2.0	7.0	9.5	8692.2	26.4	10437.2	31.7	2391.2
白云山林场	26	2.0×2.0	12.7	13.2	7178.7	9.5	47454.8	62.8	2101.3

2.4 叶

2.4.1 形态特征

闽楠叶革质，披针形或倒披针形，长 7～13（15）cm，宽 2～4cm，先端渐尖或长渐

尖，基部渐窄或楔形，下面被短柔毛，脉上被长柔毛，中脉于叶面凹下，在叶背凸起，侧脉10~14对，网脉致密，在下面呈明显的网格状，叶柄长0.5~2cm。

2.4.2 叶面积

2.4.2.1 不同苗龄/树龄闽楠叶面积比较

分别取1年生、2年生、3年生、5年生苗木和20年生闽楠树木叶片20片，用扫描仪进行扫描，在Photoshop图像处理软件中进行处理，测算叶面积，结果见表2-23。由表2-23可知，1年生、2年生、3年生、5年生苗木和20年生闽楠树木叶片叶面积存在极显著的差异，随着苗龄的增长，苗木叶片面积不断增大，但当苗龄/树龄超过3年后，叶片面积不再增大，反而有缩小的趋势。1年生叶片面积显著小于其他年龄的叶面积，3年生闽楠叶面积最大，显著大于1年生、2年生和20年生的闽楠叶面积，其叶面积分别为1年生、2年生和20年生的闽楠叶面积的4.3、1.7、1.4倍，20年生闽楠叶面积与2年生和5年生闽楠叶面积没有显著的差异，但显著大于1年生闽楠叶面积，显著小于3年生闽楠叶面积。

表2-23 不同苗龄/树龄闽楠叶面积比较

苗龄或树龄（年）	叶面积（cm^2）
1	4.20±0.18a
2	10.33±2.05b
3	17.98±3.41c
5	14.60±1.24bc
20	12.62±3.46b

注：表中不同字母表示差异极显著（$P<0.01$）。

2.4.2.2 20年生闽楠不同方位叶面积比较

选择1株生长正常的20年生闽楠，分别选取树冠外层和树冠内层叶片，树体东、南、西、北4个方位叶片，树体上、中、下3个部位叶片各20片以上，用扫描仪进行扫描，在Photoshop图像处理软件中进行处理，测算叶面积，结果见表2-24。由表2-24可见，闽楠树冠内外两层间的叶面积差异并不显著；东南西北4个方位的叶面积有显著差异，南边的叶面积最大，显著大于东边和北边的叶面积；上部和中部叶面积间无显著差异，但下部叶面积显著大于上、中部叶面积。由于闽楠为耐阴、忌强光树种，因此外层长期接受强光照射并不利于叶面积的生长，所以外层叶面积并未表现出比内层叶面积的优势，而内层叶片长期光线不足，光合较弱，也不利于叶面积生长，所以闽楠树冠最外层和最内层的叶片叶面积并没有太大的差别。闽楠东、南、西、北4个方位的树体长年接受阳光的强度并无太大区别，但南边接受光照的时间较其他方位长，更利于光合作用，增加了光合产物的积累，部分积累也体现在叶面积的增大上，所以南边的叶面积较另外3个方位的叶面积大，且显著大于东边和北边的叶面积。树体上、中、下3个部位的叶面积中，由于光照强度的不同，上部和中部的光照强于下部光照，不利于叶面积的增长，下部叶片则可接受较为合适光强的光照，所以下部叶片的叶面积显著大于上部和中部。

表 2-24　20 年生闽楠不同部位叶面积比较

树冠层次	叶面积（cm^2）	方位	叶面积（cm^2）	上中下位置	叶面积（cm^2）
外层	11.1±2.4a	东	11.5±2.6a	上部	11.6±2.9a
内层	11.9±1.9a	南	15.2±4.7b	中部	11.1±2.4a
—	—	西	12.6±2.9ab	下部	15.5±4.1b
—	—	北	11.6±2.6a	—	—

注：表中不同字母表示差异显著（$P<0.05$）。

2.4.3　生物量

2.4.3.1　容器苗与移栽苗木叶的生物量比较

2008 年初，在江西省林业科学院院部温室播种培育闽楠容器苗，2010 年初，部分苗木移栽到院部荫棚苗圃地，部分继续留温室培育容器苗，2011 年初，各取闽楠移栽苗和容器苗 30 株，对 3 年生的闽楠容器苗和移栽苗的叶生物量进行测定，结果见表 2-25。由表 2-25 可知，移栽苗的叶生物量显著大于容器苗，是容器苗叶生物量的 3.3 倍，与容器苗相比，移栽苗叶片生长上的优势，将使移栽苗具有更强的光合能力，更有利于移栽苗的迅速生长。

表 2-25　闽楠容器苗与移栽苗叶生物量比较

苗木种类	叶生物量（g）
容器苗	2.21±0.66a
移栽苗	7.33±1.45b

注：调查样本数 30 株，表中不同字母表示差异极显著（$P<0.01$）。

2.4.3.2　不同种源闽楠苗木叶生物量比较

2008 年初，在温室内容器袋播种培育 7 个种源（吉安、泰和、南平、沙县、榕江、延平、龙南）的闽楠幼苗，2009 年初移栽至荫棚，2010 年初，每种源各取 3 株，对苗木叶生物量进行测定，结果见表 2-26。由表 2-26 可知，不同种源间的叶生物量具有显著差异，吉安种源的叶生物量最大，显著大于泰和、南平、榕江等种源，且为最小值（榕江种源）的 2.5 倍。

表 2-26　不同种源闽楠幼苗叶生物量比较

种源	叶生物量（g）
吉安	29.40±7.48c
泰和	14.84±8.54ab
南平	13.02±4.60a
沙县	21.69±3.96abc
榕江	11.93±2.36a
延平	26.09±4.25bc
龙南	20.66±9.14abc

注：调查样本数 3 株，表中不同字母表示差异显著（$P<0.05$）。

2.4.3.3 不同树龄的闽楠间的叶生物量比较

对苗圃内3年生闽楠幼苗、白云山林场造林后3年幼树、造林后8年幼树和造林后26年的树木的叶生物量进行调查，结果见表2-27。由表2-27可知，闽楠苗木造林后，叶生物量开始迅速积累，随着造林时间的增长，闽楠叶生物量不断增大，但当造林达到一定的年数后，叶生物量增长开始变慢，叶片生长趋于稳定。随着树龄的增大，叶生物量占整株生物量的比例反而下降，一方面体现了随着树龄的增大叶片生长慢慢趋于稳定，另一方面也体现了随着树龄的增大闽楠树干等主要树体器官生物量物质积累的增大及其占树体总生物量比例的上升。造林26年的闽楠叶生物量占整株生物量比例仅为8.7%，分别为3年生苗木和造林后3年闽楠的23.3%和34.0%。

表2-27 不同树龄闽楠叶生物量比较表

树龄	造林密度（m×m）	叶生物量（g）	占整株生物量比例（%）
3年生苗木	—	7.3	37.3
造林后3年	2×2	1702.4	25.6
造林后8年	2×2	5202.2	15.8
造林后26年	2×2	6574.2	8.7

2.4.4 时空变异特性

对同一地点不同造林时间和同一造林时间不同造林地点的闽楠叶生物量进行测定。选定白云山林场造林8年和造林26年的闽楠、塔城造林8年的闽楠的叶生物量进行测定，结果见表2-28。从表2-28可知，闽楠叶片生长的不同时空变异较大，同为造林8年的闽楠幼树，在塔城和白云山林场造林后，由于造林密度、土壤条件、气候等各方面的差异，生长状况差异显著，叶生物量差别很大。塔城造林8年闽楠的叶生物量仅为白云山林场造林8年闽楠的13.1%，叶生物量占整株总生物量的比例也低于白云山林场造林8年的闽楠。

白云山林场造林8年的闽楠和造林26年的闽楠的叶生物量生长速度也有较大的差别。虽然随着造林时间的增大，闽楠叶生物量有所增大，但叶生物量增大的速度开始趋缓，白云山造林8年闽楠野生物量年均增量达650.3g，是造林26年闽楠叶生物量年均增量的2.6倍。另外，随着树龄的增大，闽楠叶生物量占整株总生物量的比例也大幅下降，由造林8年的15.8%下降到造林26年的8.7%。主要是由于随着树龄的增大，闽楠叶片总量趋于稳定，而树体树干等器官的继续增长，导致了叶生物量所占比例的下降。

表2-28 不同造林时间和不同造林地点闽楠叶生物量比较分析

地点	造林年数（年）	造林密度（m×m）	叶生物量（g）	占整株生物量比例（%）	叶生物量年均增量（g）
塔城	8	0.5×0.5	681.9	11.6	85.2
白云山林场	8	2.0×2.0	5202.2	15.8	650.3
白云山林场	26	2.0×2.0	6574.2	8.7	252.9

2.5 闽楠苗高物候观测

2008 年 2 月底对采自江西的宜丰、上犹、龙南、吉安、庐山 5 个种源的闽楠种子进行容器袋育苗，苗木长出后，4~10 月间每月 15 日对这 5 个种源的苗高生长物候进行观测，这 5 个种源的闽楠幼苗 4~10 月苗高生长情况见表 2-29，苗高生长节律见图 2-1。由表 2-29 和图 2-1 可知，闽楠幼苗发芽后，苗高均值从 4 月 15 日的4.2cm到 10 月 15 日的 31.6cm，6 个月间苗高生长了 27.4cm。从 4 月 15 日到 10 月 15 日，5 个不同种源的闽楠幼苗苗高生长速度由慢转快再转慢，均呈现出相似的生长节律。闽楠幼苗苗高生长 4~7 月相对较慢，7~10 月生长较快，8~9 月苗高增量最大，达 10.2cm，是 4~5 月苗高增量的 14.6 倍。由图 2-2 可知，闽楠幼苗苗高生长增量在 8~9 月出现峰值，随后苗高生长增量下降，表明闽楠幼苗苗高生长在 8~9 月生长速度最大。

表 2-29　闽楠幼苗苗高物候生长表

种源	宜丰	上犹	龙南	吉安	庐山	均值
4 月苗高（cm）	4.3	4.3	4.1	4.1	4.0	4.2
5 月苗高（cm）	4.8	5.0	4.7	4.9	4.8	4.8
4~5 月苗高增量（cm）	0.5	0.8	0.7	0.8	0.8	0.7
6 月苗高（cm）	6.4	6.7	6.9	6.0	7.3	6.7
5~6 月苗高增量（cm）	1.7	1.6	2.1	1.2	2.5	1.8
7 月苗高（cm）	8.3	8.8	9.0	10.6	10.6	9.5
6~7 月苗高增量（cm）	1.9	2.1	2.2	4.5	3.3	2.8
8 月苗高（cm）	14.6	15.1	16.3	15.9	14.3	15.2
7~8 月苗高增量（cm）	6.2	6.4	7.3	5.4	3.7	5.8
9 月苗高（cm）	24.7	25.8	26.4	25.6	24.5	25.4
8~9 月苗高增量（cm）	10.2	10.6	10.1	9.7	10.2	10.2
10 月苗高（cm）	33.8	31.5	28.8	30.4	33.4	31.6
9~10 月苗高增量（cm）	9.0	5.7	2.4	4.8	8.9	6.2

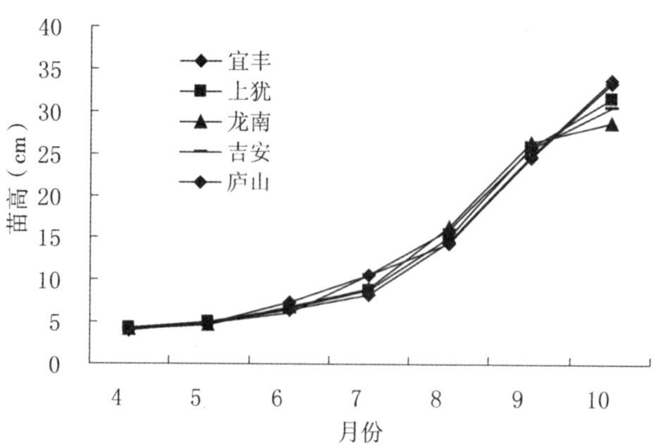

图 2-1　闽楠不同种源幼苗苗高生长节律

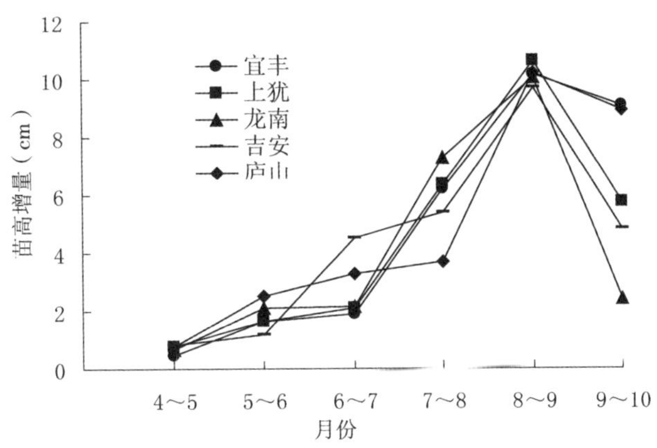

图 2-2 闽楠不同种源苗高生长节律

2.6 闽楠年抽梢次数与高生长量

闽楠幼年阶段，一年形成 3 次顶芽，抽 3 次新梢，即冬芽—春梢—夏梢、秋芽—秋梢。冬芽一般在 9 月底 10 月初形成，翌年 2 月下旬抽春梢，春梢生长缓慢，夏梢和秋梢生长快，6 月中旬前后夏梢生长最快，20d 内可生长 30~40cm，平均日生长达 1.5~2.0cm，为全年高生长的高峰期，8~9 月间抽秋梢，出现高生长的第 2 个高峰，两个高峰期生长量占全年高生长的 70%以上。

2.7 闽楠高/茎、地上/地下比例

2.7.1 不同种源闽楠幼苗径生物量

2008 年初，在温室内容器袋播种培育 7 个种源（吉安、泰和、南平、沙县、榕江、延平、龙南）的闽楠幼苗，2009 年初移栽至荫棚，2010 年初，每种源各取 3 株，对苗木苗高、地径、叶生物量、径生物量、根系生物量等进行测定，并计算出不同种源闽楠的高径比及地上地下部分生物量比，结果见表 2-30。由表 2-30 可知，7 个不同种源间闽楠苗木高径比南平种源最大，泰和种源最小，最大值为最小值的 1.3 倍，但这两个种源闽楠苗木地上部分生物量积累与地下部分生物量的比例均相对较低，比地上/地下比例最大值（沙县种源）低 38%~40%。说明高径比过大和过小均不利于地上部分生物量的积累，高径比过大时，苗木细长，枝叶生长不够茂盛，地上部分生物量积累不占优势；高径比过小时，苗木粗矮，不利于苗木的光合，进而苗木地上部分生长缺乏优势。当苗木高径比适中时，一方面苗木粗壮，枝干营养物质积累较多，另一方面苗木苗高生长也较快，叶片光合和营养吸收都具优势，所以有利于苗木地上部分的积累，同时还可促进地下部分根系的生长，实现地上地下均衡生长，对苗木整体生长最为有利。

表 2-30 不同种源闽楠幼苗高/茎及地上/地下比例

种源	高/茎	地上/地下
吉安	85.7	3.9
泰和	75.8	2.7
南平	97.8	2.8
沙县	80.1	4.5
榕江	87.8	3.1
延平	77.5	3.4
龙南	76.8	3.7

2.7.2 不同苗木培育方式闽楠幼苗径生物量

2008 年初，在温室进行容器袋播种培育闽楠幼苗，2010 年初，部分移栽至荫棚，部分继续温室容器袋培育，2011 年初，将移栽苗和容器苗各取 3 株对苗木的苗高、地径、叶生物量、径生物量、根系生物量等进行测定，并计算出不同种源闽楠的高径比及地上地下部分生物量比，结果见表 2-31。由表 2-31 可知，同龄闽楠容器苗高径比和地上部分生物量与地下部分生物量比均低于移栽苗，高径比和地上部分生物量与地下部分生物量比分别为移栽苗的 58.5%和 63.3%。闽楠苗木移栽后，由于苗木根系空间和营养限制的解除，移栽苗根系生长旺盛，进而促进地上部分苗木苗高和叶片的迅速生长，叶片的生长导致光合作用的增强，进一步促进苗木的苗高、地径和叶片的生长，苗木苗高生长空间不受限制，但由于栽植密度限制，苗木的地径生长及根系的横向生长受到一定的限制，导致了移栽苗高径比和地上部分生物量与地下部分生物量比的不断增大，这可能是移栽苗的高径比和地上部分生物量与地下部分生物量比大于容器苗的主要原因之一。

表 2-31 不同苗木培育方式闽楠幼苗苗高、地径生长比较

苗木培育方式	高/茎	地上/地下
容器苗	37.3	1.9
移栽苗	63.7	3.0

2.8 闽楠苗期叶面积和光合特性

用扫描仪进行扫描，在 Photoshop 图像处理软件中进行处理测算叶面积的方法对闽楠 1 年生、2 年生和 3 年生闽楠苗木叶面积进行测定，结果表明闽楠 1 年生、2 年生和 3 年生苗木平均叶面积分别为4.20cm^2、10.33cm^2、17.98cm^2。

2011 年 9 月初，选择晴朗天气，连续 3 天，每天 10：00～11：00 时，采用美国 LI-6400 便携式光合测定系统对温室 2 年生闽楠苗木不同光照强度下的光合特性进行活体测定。测定时大气中 CO_2 浓度为 360μmol/(m^2·s)，光照强度设置为 0、50、100、300、500、800、1000μmol/(m^2·s) 等 7 个梯度，不同光照强度下 2 年生闽楠幼苗净光合速率

如图 2-3 所示。随着光强的增大，2 年生闽楠苗木净光合速率呈先增后降的趋势，当光强为 0μmol/(m^2·s) 时，闽楠苗木净光合速率为-1.03μmol/(m^2·s)，随着光强的增大，苗木净光合速率上升，到光强为 500μmol/(m^2·s) 时，净光合速率出现峰值，净光合速率达 4.91μmol/(m^2·s)，随着光强的继续增大，苗木净光合速率反而下降。表明一定的光照强度对闽楠幼苗光合有利，以 500μmol/(m^2·s) 最佳，由于闽楠为耐阴植物，当光照强度高于 500μmol/(m^2·s) 后，其幼苗光合作用反而受抑制。2 年生闽楠苗木的光补偿点和光饱和点分别为 25μmol/(m^2·s) 和 500μmol/(m^2·s)。

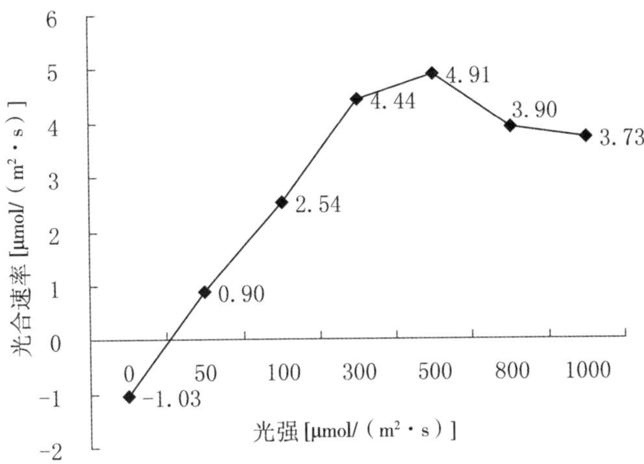

图 2-3　2 年生闽楠苗木不同光强下的净光合速率

第3章 闽楠造林技术研究

闽楠具有很高的经济、生态和观赏价值，是优质乡土阔叶树种。近年来，随着对楠木在用材与园林绿化等方面价值认识的不断深入，楠木人工造林已引起人们的极大兴趣与关注。由于木材奇缺，闽楠大径材的价格一路飙升，培育和发展闽楠珍贵用材树种人工造林前景可观，具有非常重要的意义。由于闽楠初期生长缓慢，人工林经营效果不尽如人意，本章内容拟通过对闽楠造林技术研究，旨在为今后制定闽楠人工林合理的经营措施提供科学依据。

3.1 不同树龄闽楠人工林生长量比较

通过对 17 年、26 年和 100 年闽楠进行树干解析，在 ForStat 2.0 软件中对解析木数据计算分析得到的去皮直接、树高、材积的生长过程。

由于闽楠是国家二级保护濒危植物，对于大径材的闽楠更是极其珍贵，本研究中树干解析的百年闽楠，是在 2008 年南方冰冻雪灾后偶遇的，对闽楠生长规律的研究，提供了极其宝贵的材料。

3.1.1 不同树龄闽楠树高和胸径生长量比较

3 株解析木的胸径和树高分别是：17 年为 H = 7.5m，D = 11.05cm；26 年为 H = 11.95m，D = 9.3cm；100 年为 H = 26.4m，D = 46.5m。通过树干解析（图 3-1）可知，闽楠直径的生长量波动较大，在树龄的中期各年度的当年生长量出现峰值。17 年生闽楠连年生长量的最大值出现在第 7 年为 1.09cm，年度的生长量范围在 0.36～0.99cm 之间。其中第 6 和 8 年的直径当年生长量较大为 0.99cm 和 0.96cm。26 年生闽楠在第 10 年时去皮直径生长量最大为 0.5cm，年度去皮直径的连年生长量在 0.225～0.371cm 间变化波动。百年大树在 40 年时直径的生长量达到峰值为 0.85cm，从 20～100 年间连年生长量维持在 0.237～0.554cm 之间。对去皮直径的平均生长量而言，随着年龄的增长，平均生长量有减小的趋势。并且在后龄阶段平均生长量变化不大，较平稳。

通过树干解析（图 3-1 至图 3-3）可知，就 3 个树龄的树高平均生长量而言，幼树期生长较快，达到生长高峰后，平均生长量随着树龄平稳增长。树高的平均生长量随树龄变化幅度不明显。而树高的连年生长量随树龄的变化波动较大。树龄 17 年的解析木表明，

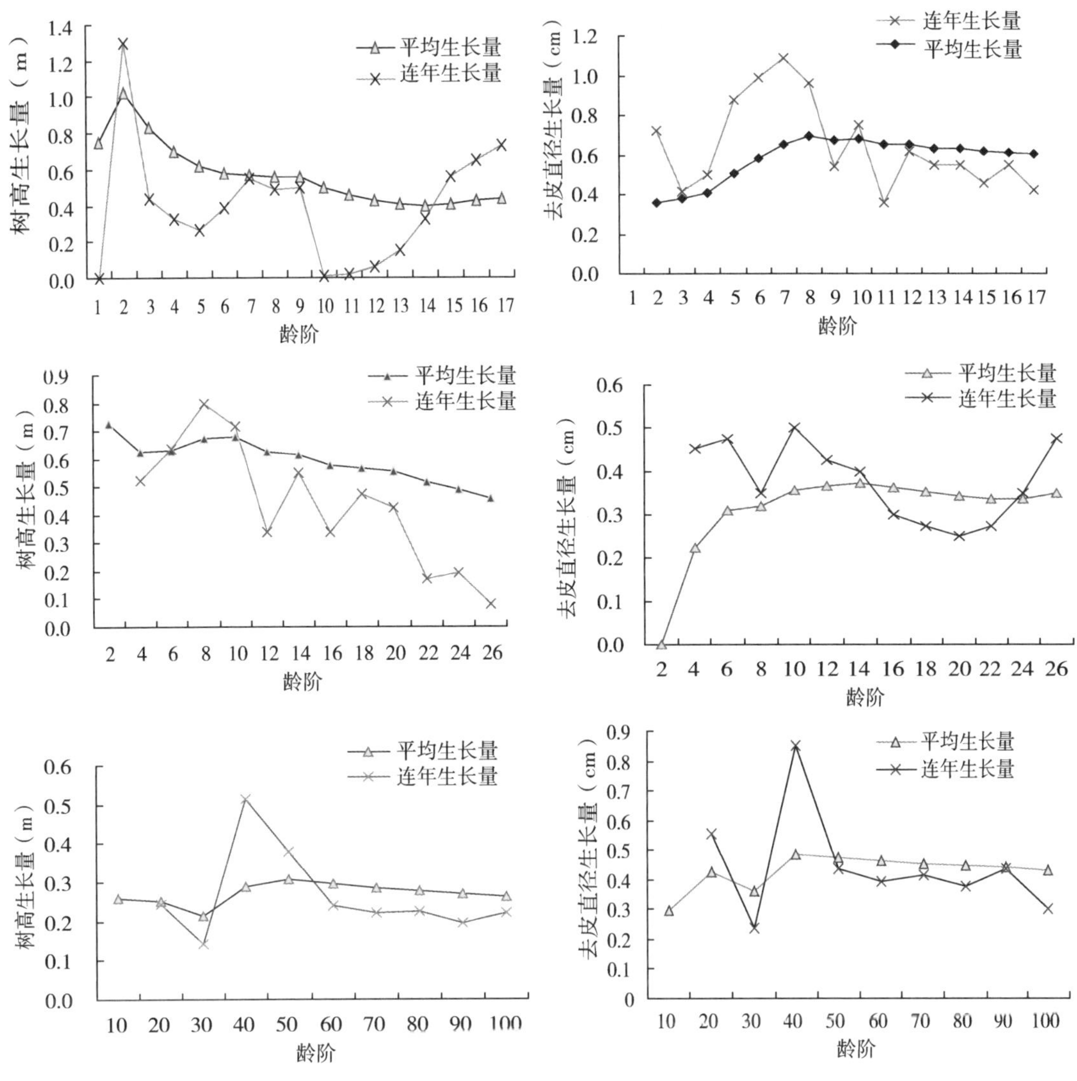

图 3-1 不同树龄去皮直径、树高生长量

在 2 龄阶树高连年生长量最大为 1. 303m，较小值出现在 10、11、12 龄阶，其中 10 龄阶最低只有 0. 0064m。龄阶连年生长量值在 0. 063～0. 727m 范围。树龄 17 年闽楠树高连年生长量表现出每 3～4 年交错增加的现象。树龄 26 年闽楠树高的连年生长量峰值出现在 8 龄阶为 0. 8007m，相对较小值出现 26 龄阶为 0. 082m。百年闽楠树高连年生长量最大值是 0. 514m，出现在 40 龄阶。50、60、70、80、90、100 龄阶的树高连年生长量分别是 0. 380m、0. 240m、0. 220m、0. 225m、0. 195m、0. 220m。因此，根据闽楠树高胸径生长表现，前 10 年的抚育管理很重要，管理得当可以促进其生长。

3. 1. 2 不同树龄闽楠材积比较

图 3-2 可知，闽楠材积生长主要集中在后期，从整个生长过程来看，闽楠材积平均生长量可以分为 3 个阶段，1～10 龄阶生长缓慢，10～30 龄阶逐渐加速，30 龄阶后迅速提高。从材积连年生长量与平均生长量变化曲线看出，闽楠材积连年生长量变化幅度很大，17

年生闽楠材积连年生长量 0.006m³，100 年生为 0.032m³。说明闽楠材积生长主要集中在后期。对于百年闽楠，材积连年生长量与平均生长量在 30 龄阶时未能相交，说明此时闽楠材积仍未达到数量成熟，在 30~40 龄阶材积生长迅速增加，在 40~50 龄阶材积生长停止，50 龄阶后材积连年生长量又持续增加，说明闽楠数量成熟年龄大于 100。

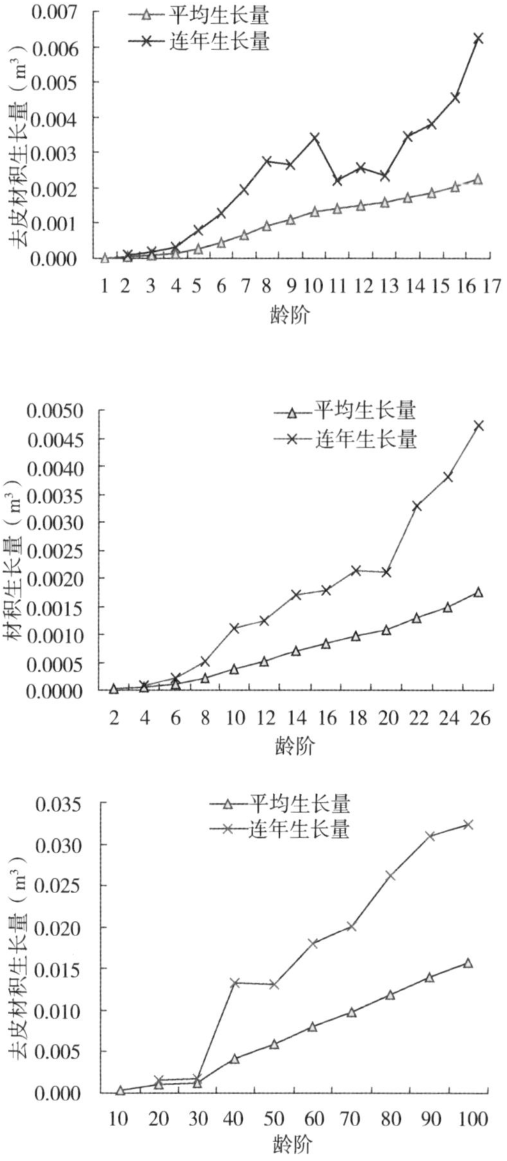

图 3-2 不同树龄闽楠材积生长量

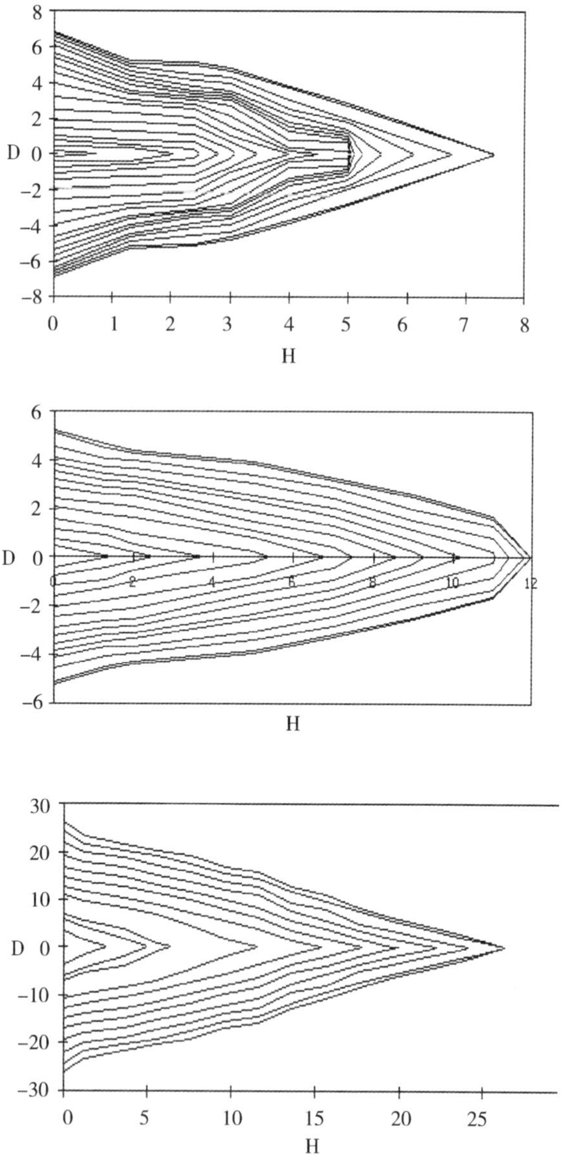

图 3-3 不同树龄闽楠树干解析纵剖面图

3.1.3 不同树龄闽楠生长率比较

从闽楠胸径、树高和材积生长率分析（图 3-4）可知，闽楠在 4~14 龄阶是快速生长期。对于树龄 17 年和 26 年的闽楠生长率在随后的生长期急剧下降。对于百年大径材的闽楠材积在 40 龄阶出现再次生长高峰，其后每 10 年生长率逐渐下降。

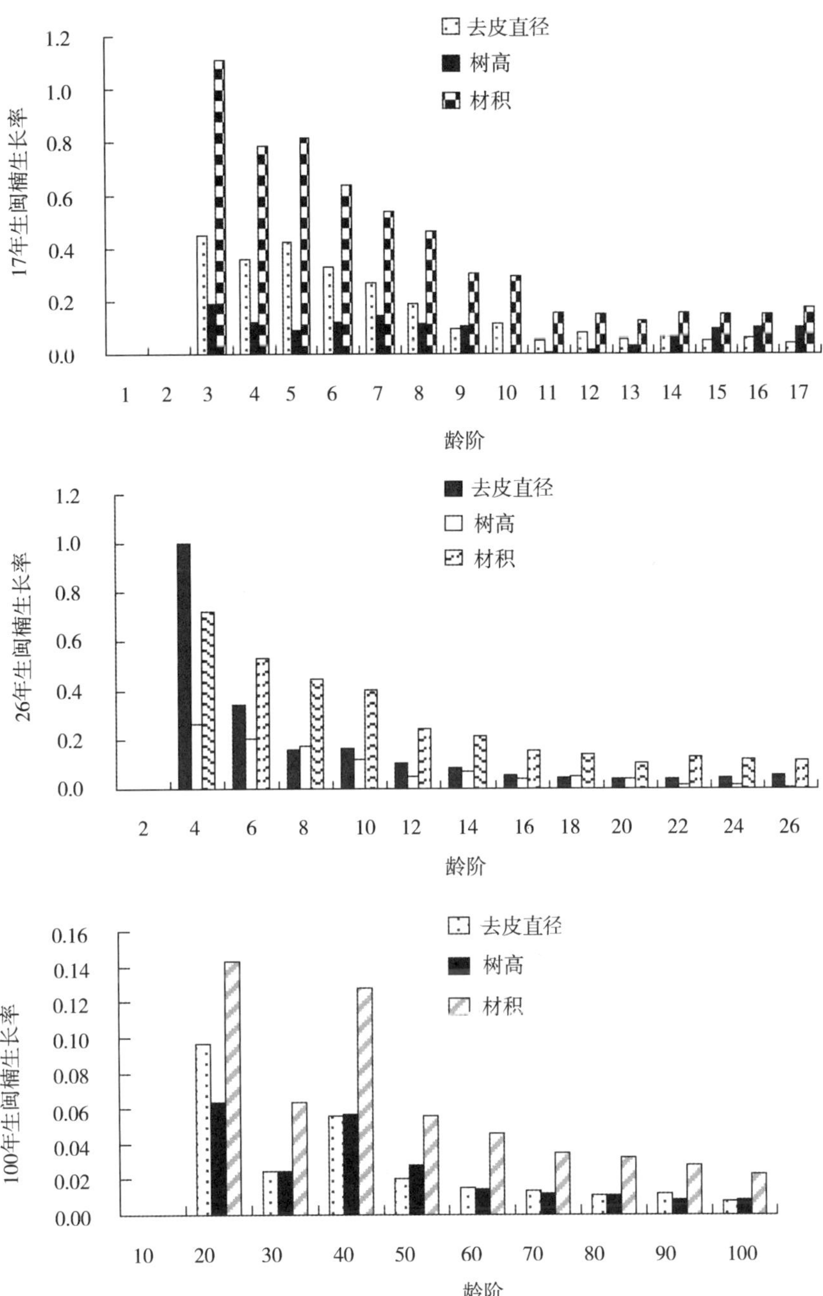

图 3-4 不同树龄闽楠人工林生长率比较

3.1.4 小结

（1）3 株解析木的树高和胸径分别是：17 年为 H=7.5m，D=11.05cm；26 年为 H=11.95m，D=9.3cm；100 年为 H=26.4m，D=46.5m。

（2）闽楠直径的生长量波动较大，在树龄的中期各年度的当年生长量出现峰值。17 年生闽楠连年生长量的最大值出现在第 7 年为 1.09cm，年度的生长量范围在 0.36～

0.99cm 之间。其中第 6 和第 8 的直径当年生长量较大为 0.99cm 和 0.96cm。26 年生闽楠在 10 龄阶时去皮直径生长量最大为 0.5cm，年度去皮直径的连年生长量在 0.225～0.371cm 间变化波动。百年大树在 40 龄阶直径的生长量达到峰值为 0.85cm，从 20～100 年间连年生长量维持在 0.237～0.554cm 之间。

（3）树高的连年生长量随树龄的变化波动较大。树龄 17 年解析木表明，在 2 龄阶树高连年生长量最大为 1.303m，较小值出现在 10、11、12 龄阶，其中 10 龄阶最低只有 0.0064m。龄阶连年生长量值在 0.063～0.727m 范围。

（4）闽楠材积平均生长量可以分为 3 个阶段，1～10 龄阶生长缓慢，10～30 龄阶逐渐加速，30 龄阶后迅速提高。从材积连年生长量与平均生长量变化曲线看出，闽楠材积连年生长量变化幅度很大，树龄 17 年闽楠材积连年生长量 0.006m^3，树龄 100 年为 0.032m^3。

（5）闽楠在 30 龄阶时可作为用材林，到 40 龄阶去皮直径达到 19.39cm，树龄 100 年时去皮直径达到 43cm。树高在 40 龄阶是 11.59m，在 50 龄阶是 15.40m，在树龄 100 年时是 26.4m。材积在 50 龄阶是 0.301m^3，在 100 龄阶是 1.577m^3。

3.2 闽楠造林立地的选择研究

3.2.1 研究地概况

调查样地位于江西省安福县。安福县位于江西省中部偏西、吉安市的西北部。地处东经 114°～114°47′，北纬 27°4′～27°36′。该林地位于明月山林场西坑水库旁，闽楠人工林大约 30 年的林龄。

3.2.2 树高生长规律

3.2.2.1 树高生长过程

表 3-1 闽楠人工林树高生长过程

龄阶	树高总生长量（m）			树高连年生长量（m）		
	下坡	中坡	平坦	下坡	中坡	平坦
2	0.547	0.427	1.452			
4	1.601	1.196	2.501	0.527	0.385	0.524
6	2.734	2.185	3.768	0.567	0.494	0.634
8	4.246	2.998	5.368	0.756	0.406	0.800
10	5.539	4.342	6.801	0.647	0.672	0.716
12	6.732	5.085	7.477	0.597	0.371	0.338
14	7.362	5.543	8.579	0.315	0.229	0.551
16	8.336	6.539	9.262	0.487	0.498	0.342
18	9.068	7.066	10.207	0.366	0.263	0.472
20	9.402	7.319	11.057	0.167	0.127	0.425
22	10.097	7.885	11.398	0.348	0.283	0.171
24	10.855	8.507	11.784	0.379	0.311	0.193
26	11.310	8.948	11.950	0.228	0.221	0.083

由表 3-1 可知，26 龄阶时闽楠人工林树高生长顺序是平坦（11.950m）>下坡（11.310m）>中坡（8.948m），中坡立地闽楠林树高为平坦地的 74.88%。3 种立地条件下，树高连年生长量较大期主要集中在 4~18 龄阶，到 20 龄阶以上连年生长量开始放缓。在 8 龄阶阶段，平坦立地树高连年生长量为 0.8m，下坡为 0.756m，中坡为 0.406m。从解析木树高连年生长量可知，平坦立地前 20 龄阶，连年生长量较大，20 龄阶后下坡>中坡>平坦。

造成这种差异的原因是不同立地的土壤养分和水分状况不同。水分和土壤养分是植物生长的限制因子。在养分条件较好的立地，闽楠人工林的树高生长就较好。

3.2.2.2 树高生长过程模拟

拟合结果见表 3-2，Logistic 模型对闽楠人工林的树高生长过程拟合效果很好，R^2都在 0.99 以上，拟合精度很高。

表 3-2 闽楠人工林树高生长过程模拟拟合结果

立地条件	k	γ	α	R^2	t_1	t_2	t
下坡	11.58561	0.92	0.532	0.997	4	12	8
中坡	9.132609	1.024	0.903	0.998	4	10	6
平坦	12.24326	0.472	0.919	0.997	4	14	10

注：t_1为速生期开始时间，t_2为速生期结束时间，t 为速生期持续时间。

由表 3-2 可以看出，3 种立地条件下闽楠人工林都具有前慢期、速生期和后慢期。从表 3-2 中可知，不同立地条件下闽楠人工林树高生长的前慢期、速生期、后慢期有差别，产生这种差别的原因是不同立地条件对闽楠生长的影响不同，表现在生长在好立地条件下的闽楠林树高生长前慢期短，进入后慢期的时间晚，速生期长；生长在差立地条件下的闽楠林树高生长前慢期长，进入后慢期的时间早，速生期短。其中平坦立地速生期持续的时间最长为 10 年，其次是下坡段为 8 年，中坡段为 6 年。

3.2.2.3 树高生长率

由于生长率是说明树木生长过程中某一期间的相对速率，所以可用于对同一树种在不同立地条件下生长速率的比较及未来生长量的预估等。从图 3-5 可知，对于林龄 26 年的闽

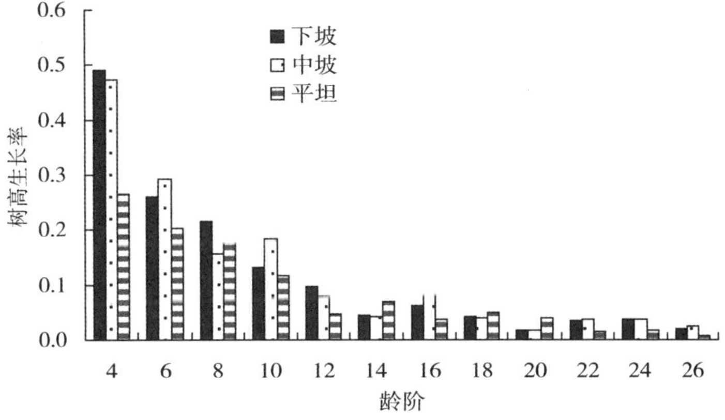

图 3-5 3 种立地条件下闽楠人工林树高生长率比较

楠，树高生长速率较快期在前12年，在14~26年间生长变缓。3种立地条件下，下坡闽楠树高生长率较大。在26年期间树高平均生长率下坡（0.123）>中坡（0.121）>平坦（0.09）。

3.2.3 胸径生长规律

3.2.3.1 胸径生长过程

表3-3 闽楠人工林胸径生长过程

龄阶	树干去皮直径（cm）			去皮直径连年生长量（cm）		
	下坡	中坡	平坦	下坡	中坡	平坦
2	0.000	0.000	0.000			
4	0.000	0.000	0.900	0.000	0.000	0.450
6	0.900	1.200	1.850	0.450	0.600	0.475
8	1.800	1.800	2.550	0.450	0.300	0.350
10	2.850	2.500	3.550	0.525	0.350	0.500
12	3.600	3.100	4.400	0.375	0.300	0.425
14	4.400	3.700	5.200	0.400	0.300	0.400
16	5.000	4.200	5.800	0.300	0.250	0.300
18	5.550	4.800	6.350	0.275	0.300	0.275
20	6.050	5.300	6.850	0.250	0.250	0.250
22	6.650	5.900	7.400	0.300	0.300	0.275
24	7.100	6.500	8.100	0.225	0.300	0.350
26	7.650	7.350	9.050	0.275	0.425	0.475

从表3-3可知，26龄阶时闽楠人工林的胸径按下坡、中坡、平坦的顺序分别为7.650cm、7.350cm、9.050cm。中坡立地的胸径为平坦立地的81.22%。3种立地下坡、中坡、平坦地闽楠人工林胸径连年生长量的峰值分别出现在10龄阶、6龄阶、8龄阶；峰值时的连年生长量分别为0.525cm、0.6cm、0.5cm。到26龄阶时，下坡、中坡、平坦立地的胸径连年生长量分别为0.275cm、0.425cm和0.475cm。总的来看，3种立地条件下26龄阶闽楠人工林的胸径连年生长总量分别为3.825cm、3.675cm、4.525cm，平坦立地胸径的连年生长总量最大为中坡的1.23倍。

3.2.3.2 胸径生长过程模拟

表3-4 闽楠人工林胸径生长过程模拟拟合结果

立地条件	k	γ	α	R^2	t_1	t_2	t
下坡	7.998896	1.065	0.913	0.999	4	16	12
中坡	8.7	1.004	0.921	0.998	6	14	8
平坦	9.75602	0.856	0.915	0.996	4	14	10

注：t_1为速生期开始时间，t_2为速生期结束时间，t为速生期持续时间。

表3-4表明，Logistic模型对闽楠人工林的树高生长过程拟合效果很好，R^2都在0.99以上，拟合精度很高。由表3-4可知生长在好立地条件下的闽楠人工林胸径生长前慢期短，进入后慢期的时间晚，速生期长；生长在差立地条件下的闽楠人工林胸径生长前慢期长，速生期短。下坡地闽楠的胸径生长速生期开始最早，从4龄阶开始，持续时间最长，为12年；中坡开始最晚，从6龄阶开始，其中中坡速生期持续时间最短，为8年；平坦从4龄阶进入速生期，速生期持续时间为10年。综合来看，6~12龄阶为闽楠人工林胸径生长速生期，6龄阶前闽楠人工林处于胸径生长前慢期，12龄阶后闽楠人工林进入胸径生长后慢期。

3.2.3.3 去皮直径生长率

图3-6所示，闽楠人工林去皮直径26龄阶内的生长率。同树高生长率相比，胸径的生长较快期也集中在树龄的前12龄阶，后期生长率大幅变慢，胸径生长率在0.2以下。在6龄阶，下坡和中坡立地条件下，胸径的生长率最大为1。到生长后期，立地条件对生长率的影响不明显。

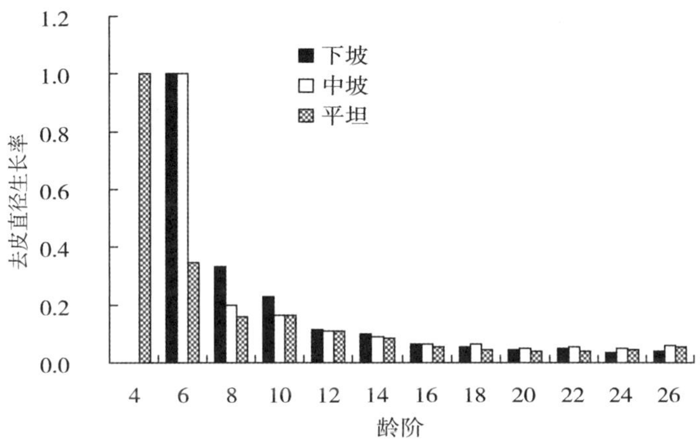

图3-6 3种立地条件闽楠人工林去皮直径生长率比较

3.2.4 材积生长规律

3.2.4.1 材积生长过程

表3-5 闽楠人工林材积生长过程

龄阶	去皮材积生长总量（m^3）			去皮材积连年生长量（m^3）		
	下坡	中坡	平坦	下坡	中坡	平坦
2	0.000	0.000	0.000			
4	0.000	0.000	0.000	0.000	0.000	0.000
6	0.000	0.000	0.001	0.000	0.000	0.000
8	0.001	0.001	0.002	0.000	0.000	0.001
10	0.002	0.001	0.004	0.001	0.000	0.001
12	0.004	0.003	0.006	0.001	0.001	0.001

（续）

龄阶	去皮材积生长总量（m^3）			去皮材积连年生长量（m^3）		
	下坡	中坡	平坦	下坡	中坡	平坦
14	0.006	0.004	0.010	0.001	0.001	0.002
16	0.009	0.005	0.013	0.001	0.001	0.002
18	0.013	0.007	0.018	0.002	0.001	0.002
20	0.016	0.010	0.022	0.002	0.001	0.002
22	0.021	0.013	0.028	0.002	0.002	0.003
24	0.025	0.017	0.036	0.002	0.002	0.004
26	0.030	0.022	0.045	0.003	0.003	0.005

从表 3-5 可知，26 龄阶时闽楠人工林材积平坦（0.045m^3）>下坡（0.030m^3）>中坡（0.022m^3）。闽楠材积连年生长量的峰值在 3 种立地下都出现在 26 龄阶，分别为 0.003m^3、0.003m^3、0.005m^3。这与立地条件的优劣是一致的，立地条件好，材积连年生长量大，立地条件差，连年生长量小。

3.2.4.2 材积连年生长量模型

表 3-6 闽楠人工林材积生长过程模拟拟合结果

立地条件	k	γ	α	R^2	t_1	t_2	t
下坡	0.030433	0.0268	0.739	0.998	4	16	12
中坡	0.022146	0.0330	0.748	0.996	4	12	8
平坦	0.045818	0.0918	0.766	0.997	4	14	10

注：t_1 为速生期开始时间，t_2 为速生期结束时间，t 为速生期持续时间。

同树高与胸径生长过程一样，Logistic 模型对闽楠人工林材积生长过程的拟合效果很好。由表 3-6 可知，生长在好立地条件下的闽楠林前慢期短，进入后慢期的时间晚，速生期长；生长在差立地条件下的闽楠林前慢期长，进入后慢期的时间早，速生期短。下坡和平坦立地条件下材积生长持续时间长，分别是 12 年和 10 年。中坡快速生长持续时间短为 8 年。

3.2.4.3 材积生长率

各种调查因子的生长率，特别是材积生长率，在实际工作中应用很广。如图 3-7 所示，在 26 年间，平均生长率下坡（0.31）>中坡（0.30）>平坦（0.29）。在整个生长过程中闽楠去皮材积生长率受 3 种立地条件的影响不明显。

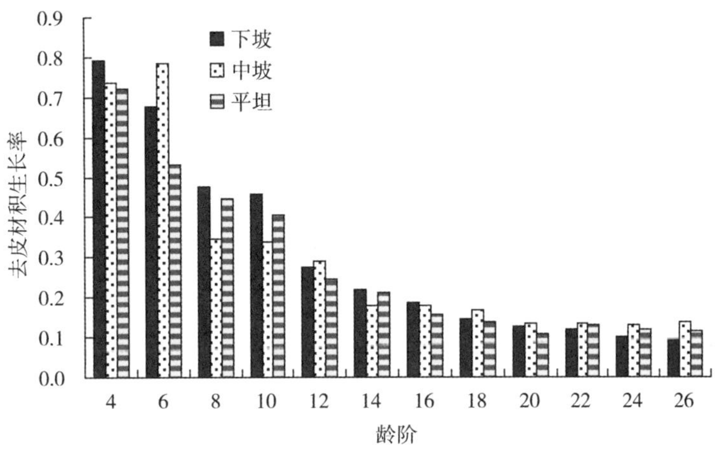

图 3-7 3 种立地条件闽楠人工林去皮材积生长率比较

3.2.5 小结

（1）26 龄阶时闽楠人工林在不同立地条件下的树高生长不同。其树高生长顺序是 11.950m（平坦）>11.310m（下坡）>8.948m（中坡），中坡立地闽楠林树高为平坦地的 74.88%。3 种立地条件下，树高连年生长量较大期主要集中在 4~18 龄阶，到 20 龄阶以上连年生长量开始放缓。在 8 龄阶阶段，平坦立地树高连年生长量为 0.8m，下坡为 0.756m，中坡为 0.406m。

（2）闽楠人工林树高生长的速生期出现在 4~14 龄阶，生长在好立地条件下的闽楠林树高生长前慢期短，进入后慢期的时间晚，速生期长；生长在差立地条件下的林前慢期长，进入后慢期的时间早，速生期短。其中平坦立地速生期持续的时间最长为 10 年，其次是下坡段为 8 年，中坡段为 6 年。对于林龄 26 年的闽楠，树高生长速率较快期在前 12 年，在 14~26 年间生长变缓。3 种立地条件下，下坡闽楠树高生长率较大。在 26 年间树高平均生长率下坡（0.123）>中坡（0.121）>平坦（0.09）。

（3）26 龄阶时闽楠人工林在不同立地条件下的胸径生长不同。26 龄阶时闽楠人工林的胸径按下坡、中坡、平坦的顺序分别为 7.650cm、7.350cm、9.050cm。中坡立地的胸径为平坦立地的 81.22%。3 种立地条件下 26 龄阶闽楠人工林的胸径连年生长总量分别为 3.825cm、3.675cm、4.525cm，平坦立地胸径的连年生长总量最大为中坡的 1.23 倍。

（4）下坡段闽楠的胸径生长速生期开始最早，从 4 龄阶开始，持续时间最长为 12 年；中坡开始最晚，从 6 龄阶开始，其中中坡速生期持续时间最短，为 8 年；平坦从 4 龄阶进入速生期，速生期持续时间为 10 年。综合来看，6~12 龄阶为闽楠人工林胸径生长速生期。

（5）立地条件与材积生长量是一致的。立地条件好，材积连年生长量大，立地条件差，连年生长量小。26 龄阶时闽楠人工林材积平坦（0.045m^3）>下坡（0.030m^3）>中坡（0.022m^3）。在 26 龄阶时闽楠材积连年生长量分别是 0.003m^3、0.003m^3、0.005m^3。在整个生长过程中闽楠去皮材积生长率受 3 种立地条件的影响不明显。在 26 年间，平均生长率下坡（0.31）>中坡（0.30）>平坦（0.29）。

（6）Logistic 模型在拟合不同立地条件闽楠人工林生长过程时精度均在 0.99 以上，拟合精度较高。

3.3 闽楠造林模式选择

3.3.1 试验地基本概况

永丰位于江西省中部，是个“六分半山，二分半田，一分水面、道路和庄园”的丘陵山区县。这里四季分明，雨量充沛，日照充足，年均气温 18℃，年均降水量 1627.3mm，无霜期 279d，气候湿润，适宜各种生物繁衍生长。永丰县属中亚热带常绿阔叶林地带，境内植物资源丰富，有植物 228 科 799 属 1418 种，其中木本植物 616 种，主要森林类型有常绿阔叶林、常绿落叶阔叶混交林、针阔混交林、常绿针叶林等。试验地为 1992 年初杉木二代林地。

3.3.2 试验材料与方法

3.3.2.1 供试林分

2008 年营造的不同混交密度的闽楠和杉木混交林、楠木纯林，以楠木纯林为对照。试验调查时间为 2013 年 5 月。

3.3.2.2 试验设计

设置 3 种处理：① 闽楠纯林；② 闽楠、杉木混交；③闽楠、杉木、湿地松混交。3 种处理设置 3 个试验小区，3 次重复，共 9 块试验小区，种植闽楠幼苗的密度为 110 株/亩。采用 2006 年造的 2 年生的容器苗。

3.3.2.3 调查方法及数据处理

于 2013 年 5 月对每块试验小区进行每木检尺，测定树高、胸径和枝下高，而后进行有关的数据统计分析。试验数据采用 Excel 2003 进行处理，通过 SPSS 17.0 软件的单因素反差分析（ANOVA）检验。

3.3.3 结果与分析

3.3.3.1 不同造林模式闽楠人工林生长量描述性统计分析

表 3-7 闽楠人工林生长量描述性统计结果

项目	平均值	标准误差	中位数	标准差	最小值	最大值	观测数	变异系数（%）
树高（m）	3.86	0.04	3.90	0.42	2.60	5.00	139	10.89
胸径（cm）	4.38	0.05	4.37	0.62	2.73	6.74	140	14.10
枝下高（m）	0.87	0.02	0.90	0.28	0.20	1.60	139	31.57

根据不同造林模式对闽楠人工林生长量的影响（表 3-7）可以看出，观测的 140 株闽楠，胸径、树高和枝下高的均值分别为 4.38cm、3.86m 和 0.87m。变异系数是衡量资料中各观测值变异程度的重要统计量。树高的变异系数最小为 10.89%，枝下高的变异系数最大是 31.57%。闽楠胸径变化范围在 2.73～6.74cm，树高变化范围在 2.60～5.00m，枝下

高变化范围在 0.20~1.60m。

3.3.3.2 不同造林模式对闽楠人工林胸径的影响

方差分析结果表明（表 3-8），3 种造林模式下闽楠人工林胸径生长量差异显著。因为 $F_{(0.05)}$（2，136）= 3.0627 <F（11.47077）。通过多重比较 LSD 检验不同模式间的差异。

表 3-8 不同造林模式下闽楠胸径生长量方差分析

差异源	SS	df	MS	F	P 值	F_{crit}
组间	3.516048	2	1.758024	11.47077	2.49×10^{-5}	3.0627
组内	20.84352	136	0.153261			
总计	24.35957	138				

3 种模式下胸径平均值多重比较如图 3-8 所示，闽楠纯林胸径均值（4.21cm）与闽楠+杉木混交林胸径（4.51cm）差异显著，而纯林造林与闽楠+杉木+湿地松模式（4.43cm）差异不显著，闽楠+杉木模式与闽楠+杉木+湿地松模式对闽楠人工林胸径生长影响不明显。在 3 种模式造林下，闽楠+杉木的模式更有利于闽楠胸径的生长。

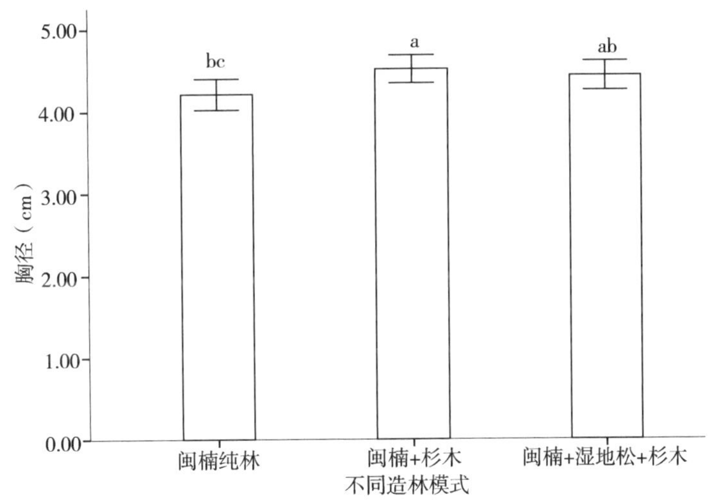

图 3-8 不同造林模式下闽楠胸径生长量

3.3.3.3 不同造林模式对闽楠人工林树高和枝下高生长的影响

表 3-9 不同造林模式下闽楠树高和枝下高生长量方差分析

差异源	SS	df	MS	F	P 值	F_{crit}
树高组间	3.516048	2	1.758024	11.47077	2.49×10^{-5}	3.0627
树高组内	20.84352	136	0.153261			
总计	24.35957	138				

（续）

差异源	SS	df	MS	F	P 值	F_{crit}
枝下高组间	0. 132276	2	0. 066138	0. 869138	0. 421628	3. 0627
枝下高组内	10. 34906	136	0. 076096			
总计	10. 48133	138				

表 3-9 方差分析表明，造林模式对闽楠树高生长量影响显著［$F=11.47077>F_{crit}$（3. 0327）］，造林模式对闽楠枝下高的印象不明显［$F=0.869138<F_{crit}$（3. 0327）］。有必要进一步对不同造林模式的平均树高进行多重比较。

通过 LSD 检验（图 3-9）多重比较结果，3 种造林模式间树高生长差异明显，闽楠+杉木+湿地松的模式树高（4. 05m）>闽楠+杉木（3. 87m）>闽楠+杉木+湿地松（3. 67m）。主要原因是与其他混交造林一样，闽楠与杉木混交，都具有改善生态条件的作用。如改变林地光照，抑制杂草丛生，增加空气湿度，减少蒸腾，提高土壤湿度和水分，以及改善林地土壤养分等，从而形成具有一定形态的林分结构，以保持种间的生态平衡。

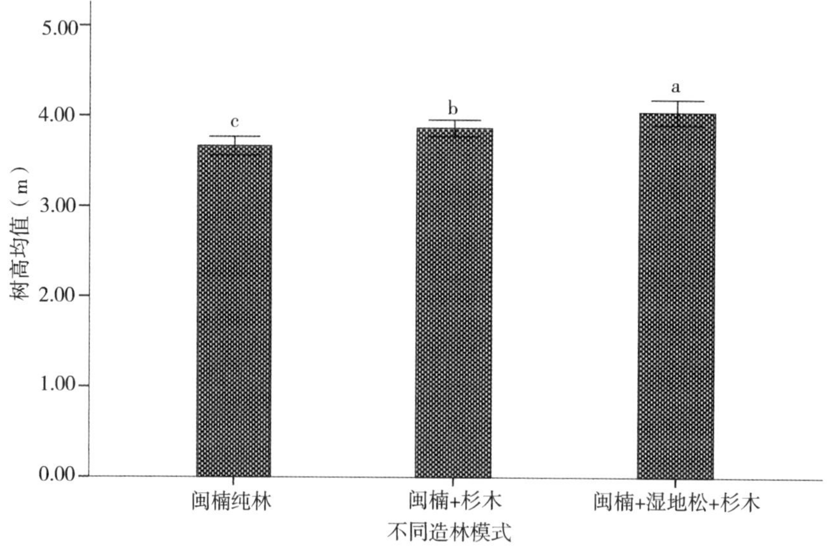

图 3-9　不同造林模式下闽楠树高生长量

3. 3. 3. 4　林地土壤状况对闽楠生长的影响

表 3-10　不同造林模式下闽楠林地土壤质量情况

土样项目	全氮（%）	速氮（ppm①）	全钾（%）	速钾（ppm）	全磷（%）	速磷（ppm）	有机质（%）	pH
闽楠纯林 0~20cm	0. 05	27. 27	4. 46	34. 30	0. 03	0. 61	0. 85	4. 15
闽楠纯林 20~40cm	0. 04	19. 24	3. 89	30. 43	0. 02	0. 57	0. 59	4. 22

① ppm 为 mg/kg，下同。

（续）

土样项目	全氮（%）	速氮（ppm①）	全钾（%）	速钾（ppm）	全磷（%）	速磷（ppm）	有机质（%）	pH
闽楠纯林 40～60cm	0. 01	15. 04	3. 82	50. 33	0. 02	0. 58	0. 56	4. 21
闽楠+杉木 0～20cm	0. 04	57. 75	1. 05	25. 03	0. 01	1. 53	1. 27	3. 91
闽楠+杉木 20～40cm	0. 04	59. 26	1. 17	21. 47	0. 01	0. 39	1. 37	4. 14
闽楠+杉木 40～60cm	0. 04	59. 32	1. 41	56. 73	0. 02	0. 87	1. 29	4. 14
闽楠+湿地松+杉木 0～20cm	0. 08	54. 77	0. 89	62. 96	0. 02	0. 75	2. 99	4. 04
闽楠+湿地松+杉木 20～40cm	0. 04	43. 36	1. 05	37. 29	0. 02	0. 48	0. 82	4. 52
闽楠+湿地松+杉木 40～60cm	0. 03	35. 67	1. 13	20. 20	0. 02	0. 55	0. 62	4. 76

从表 3-10 可以看出，有针叶树伴生的闽楠林地土壤有机质含量明显高于闽楠纯林地。闽楠纯林有机质含量（0. 67%）<闽楠+杉木（1. 31%）<闽楠+湿地松+杉木（1. 48%）。对速效养分而言，3 种造林模式林地速效钾含量相差不大，说明速效钾对闽楠生长的影响不明显，而速氮与速效磷含量不仅在土壤表层 0～20cm 层存在差异，在 20～60cm 间也存在差异。有针叶树的 2 种模式下土壤速效磷和速氮含量高于闽楠纯林地，其速效氮含量分别是 20. 52mg/g（纯林）、58. 78mg/g（闽楠+杉木）、44. 61mg/g（闽楠+湿地松+杉木）；速效磷含量分别是 0. 58mg/g（纯林）、0. 60mg/g（闽楠+杉木）、0. 93mg/g（闽楠+湿地松+杉木）。所以养分含量状况决定着林木生长态势。

闽楠生长量与土壤理化性质的相关性分析表明（表 3-11），闽楠树高和胸径生长量与土壤氮含量密切相关。土壤中速效氮含量与闽楠树高与胸径的生长有明显的指示作用。速效氮与树高的相关系数为 r=0. 687（$P<0.01$），与胸径的相关系数为 r=0. 954（$P<0.01$），呈显著正相关关系，另外有机质含量与闽楠树高和胸径生长存在正相关关系。

表 3-11　闽楠生长量和土样理化性质的相关性分析

	全氮	速氮	全钾	速钾	全磷	速磷	有机质	pH	树高	胸径
全氮	1									
速氮	0. 474	1								
全钾	−0. 287	−0. 841	1							
速钾	0. 434	0. 071	0. 014	1						
全磷	0. 139	−0. 753	0. 720	0. 333	1					
速磷	0. 224	0. 143	0. 174	−0. 021	−0. 130	1				
有机质	0. 876	0. 629	−0. 502	0. 537	−0. 134	0. 094	1			
pH 值	−0. 382	−0. 318	−0. 116	−0. 318	0. 224	−0. 547	−0. 487	1		
树高	0. 471	0. 687	−0. 897	−0. 012	−0. 404	−0. 154	0. 511	0. 326	1	
胸径	0. 268	0. 954	−0. 933	−0. 049	−0. 846	0. 015	0. 466	−0. 117	0. 750	1

3. 3. 4　结论与讨论

闽楠人工林胸径和树高生长受不同模式造林影响显著，而枝下高受造林的模式的影响不明显。3 种造林模式间树高生长差异明显，闽楠+杉木+湿地松的模式树高（4. 05m）>

闽楠+杉木（3. 87m）>闽楠+杉木+湿地松（3. 67m）。

闽楠纯林胸径均值 4. 21cm 与 4. 51cm（闽楠+杉木混交）胸径差异显著，而纯林造林与闽楠+杉木+湿地松模式（4. 43cm）差异不显著，（闽楠+杉木）模式与（闽楠+杉木+湿地松）模式对闽楠人工林胸径生长影响不明显。在 3 种模式造林下，（闽楠+杉木）的模式更有利于闽楠胸径的生长。

闽楠树高和胸径生长量与土壤氮含量密切相关。土壤中速效氮含量与闽楠树高与胸径的生长有明显的指示作用。速效氮与树高的相关系数为 r=0. 687（P<0. 01），与胸径的相关系数为 r=0. 954（P<0. 01），呈显著正相关关系，另外有机质含量与闽楠树高和胸径生长存在正相关关系。

因此，杉木形成的上方透光、侧方庇荫的生态环境条件，对闽楠高生长极为有利，且无不良影响。在营养空间（面积）方面，由于两者均为窄冠形树种，所以在空间占有上，地上部分也不会产生矛盾；再者，闽楠为深根性树种，杉木为浅根性树种，所以两者在地下部分也不会产生矛盾。这样，就使得在较长时期内，各得其所，各取所需，充分利用空间光能和地力，在单位面积上增加生物量也是必然的，也可以说是双赢的。

第4章 闽楠天然林与人工林木材物理力学性质比较研究

闽楠是我国珍贵用材与优良观赏树种，为我国特有的国家二级保护野生植物，素以材质优良而闻名，其干形通直，材质致密坚韧，木材呈淡黄色而有香气，耐腐而不易反翘开裂，加工容易，削面光滑，纹理美观，为上等建筑、家具、造船及工艺雕刻等之良材（傅立国等，1991）。近年来，随着对闽楠在用材与园林绿化等方面价值认识的不断深入，闽楠人工造林已引起人们的极大兴趣与关注。但迄今为止，对闽楠人工林木材物理力学性质方面的研究尚未见报道，而随着木材利用途径的不断扩大，研究木材物理力学性质对木材加工、利用等都有着重要意义（童再康等，2002）。本章拟对闽楠天然和人工林木材物理力学性质进行比较研究，旨在为闽楠木材的合理利用和今后进行人工林培育提供理论依据。

4.1 材料与方法

4.1.1 试验地概况

试材采自江西省吉安市青原区闽楠天然林和人工林林分，试验地属典型的亚热带季风湿润气候，年平均气温 18℃，极端最高气温 38℃，极端最低气温-7℃，≥10℃的年积温 5802.1℃，年降水量 1843mm，相对湿度 86%，年日照时数 1813.7h，土壤为山地红壤，土层深厚。天然林林龄约 40 年，平均胸径、树高分别为 25.2cm 和 23m；人工林林龄为 20 年，平均胸径、树高分别为 14.2cm 和 15.5m。

4.1.2 试材制作及试验方法

试材样木的选择按林分平均胸径和平均树高选取标准木 2 株伐倒（由于闽楠为我国特有的国家二级保护野生植物，因此只伐 2 株平均木），将每株伐倒样木距树基部 1.3m 处向上截取 60cm 长原木一段制作各力学强度试材，试材的采集按照国家标准《木材物理力学性质试验方法》GB 1927-43—1991 所规定的方法加工成木材基本密度、顺纹抗压强度、抗弯强度、抗弯弹性模量、硬度试样，然后按上述国家标准测试方法，分别测定木材含水率、干缩率、基本密度、顺纹抗压强度、抗弯强度、抗弯弹性模量及硬度等。

单板厚度的变化是检测单板质量的一个重要指标。单板厚度偏差检测是在木段旋切成圆形后重新进刀，在旋切完 10 圈后，每 10 圈等距离截取一块 1000mm×80mm 的单板，作为单板厚度测量的试件。检测方法是用螺旋测微器对所截取的单板条分别测定 3 个点的厚度，3 个点是指距单板条两端 100mm 处各 1 个，单板条中心点 1 个。

单板背面裂隙率检测试件是从旋切好的 1.1mm 厚的单板中，自木芯向外每隔 10 圈顺序截取 1 个 1000mm×50mm 的单板条，用于测定单板的背面裂隙率。测计方法是在截取的单板条上距两端各 300mm 的单板的背面，均匀地涂布碳素墨水带，待墨水全干后用刀片切开墨水带处，再用带有刻度的 10 倍放大镜测定单板背面裂隙条数和裂隙深度（从切开的端面上测计）。单板背面裂隙率是各裂隙深度和单板厚度之比的平均值。

4.2 结果与分析

4.2.1 闽楠人工林与天然林木材物理性质的差异比较

对闽楠人工林与天然林木材物理性状测定与统计结果见表 4-1，各性状测定结果分述如下。

4.2.1.1 闽楠木材密度

由表 4-1 可知，闽楠天然林与人工林含水率为 12%时的气干密度分别为 0.721g/cm³ 和 0.572g/cm³，属中等（0.56~0.75g/cm³）（成俊卿，1980），全干密度分别为 0.680g/cm³ 和 0.535g/cm³。差异显著性 t 检验结果表明：闽楠人工林和天然林木材密度差异达到极显著水平，其中，气干密度的 t 值= 9.77，全干密度的 t 值 = 28.90（$t_{0.01}$（5）= 3.71）。由表 4-1 还可看出，各性状均值准确指数基本小于 5%，因此认为试验结果较可靠。天然林气干和全干密度均大于人工林，这可能受两方面原因的影响，一是闽楠人工林组织结构比天然林稍疏松，二是由于人工林试样取自 20 年生林分，有可能此林龄的闽楠木材密度还没有达到稳定值（李金花等，2005；王明庥等，1988）。但人工林气干密度变异系数小于天然林，表明闽楠人工林木材密度较天然林均匀，人工林木材比天然林更易于加工。

表 4-1 闽楠天然林与人工林木材物理力学性质均值及变异统计

试验项目		平均值		标准差		标准误		变异系数（%）		准确指数（%）	
		天然林	人工林	天然林	人工林	天然林	人工林	天然林	人工林	天然林	人工林
气干密度（g/cm³）		0.721	0.572	0.016	0.006	0.007	0.0029	2.15	1.99	0.97	0.51
全干密度（g/cm³）		0.680	0.535	0.014	0.006	0.006	0.0028	1.12	1.17	0.88	0.52
干缩率（%）	弦向	4.255	3.249	0.301	3.249	0.134	0.127	7.06	8.73	3.15	3.91
（气干）	径向	2.210	1.697	0.252	1.697	0.113	0.064	11.39	8.50	5.11	3.77
	体积	6.439	4.935	0.487	4.935	0.218	0.174	7.57	7.90	3.39	3.53
干缩率（%）	弦向	7.298	5.965	0.205	0.112	0.092	0.050	2.81	1.88	1.26	0.84
（全干）	径向	4.164	3.384	0.166	0.142	0.074	0.064	3.99	4.20	1.78	1.89
	体积	11.376	9.330	0.250	0.225	0.112	0.101	2.20	2.41	0.98	1.08
体积干缩系数（%）		0.503	0.414	0.046	0.005	0.021	0.002	9.11	1.12	4.17	0.48

（续）

试验项目		平均值		标准差		标准误		变异系数（%）		准确指数（%）	
		天然林	人工林	天然林	人工林	天然林	人工林	天然林	人工林	天然林	人工林
硬度（N）	端面	7583.00	7625.00	175.59	375.00	101.38	216.51	2.31	0.05	1.34	2.84
	弦面	6625.00	5275.00	25.00	425.00	14.43	245.37	0.38	0.08	0.22	4.65
	径面	6183.00	5375.00	381.88	475.00	220.48	274.24	6.18	0.09	3.57	5.10
顺纹抗压强度（MPa）		51.20	42.30	3.95	2.50	1.40	0.70	7.71	5.90	2.73	1.65
抗弯强度（MPa）		125.60	88.40	10.54	3.50	3.73	1.10	8.39	3.90	2.97	1.24
抗弯弹性模量（MPa）		9992.00	8241.00	1471.85	834.80	520.38	251.70	14.73	10.10	5.21	3.05

注：试验样本数 n=10。

4.2.1.2 闽楠木材干缩性

由表4-1可知，闽楠人工林和天然林木材气干状态下体积干缩率分别为4.935%和6.439%，全干状态下分别为9.330%和11.376%，属中等（中国林业科学研究院木材工业研究所，1982），且气干、全干两种状态下体积干缩率的变异系数均相近。

木材干缩系数是反映木材在干燥过程中收缩程度的一个指标（成俊卿，1985；童再康等，2002），在气干和全干状态下，闽楠人工林木材径向、弦向、体积干缩率均小于天然林木材（表4-1），差异显著性t检验表明，两者之间的差异均达到极显著水平，说明闽楠人工林木材的尺寸稳定性较天然林好。

为比较径向和弦向2个方向木材干缩的差异程度，常用弦向干缩和径向干缩之比值——差异干缩D来表示，从表4-1可以计算出闽楠天然林与人工林气干状态下差异干缩分别为1.93和1.91，全干状态下闽楠天然林与人工林差异干缩分别为1.75和1.76，差异干缩属中等，与优良阔叶树种水曲柳（*Fraxinus mandschurica*）十分相近（江泽慧等，2001）。

4.2.1.3 闽楠木材主要力学性质

闽楠天然林木材端面、径面和弦面硬度分别为7583N、6183N和6625N，端面强度分别为径面和弦面的1.14倍和1.22倍。闽楠人工林端面、径面和弦面硬度分别为7625N、5375N和5275N，端面强度分别为径面和弦面的1.46倍和1.42倍。对于木材硬度指标来说，针、阔叶材均以端面硬度比侧面硬度高（蔡坚等，2002），本次试验也证实了这一点。另外，从闽楠人工林和天然林木材硬度的差异显著性t检验结果表明：两者端面、径面和弦面硬度之间差异不显著，说明从木材硬度来看，闽楠天然林与人工林没有显著差异。

闽楠天然林木材顺纹抗压强度、抗弯强度及抗弯弹性模量分别为51.2MPa、125.6MPa和9992MPa，分别是人工林的1.2、1.4和1.2倍，差异显著性t检验表明，两者之间的差异均达到极显著水平，说明闽楠天然林木材顺纹抗压强度、抗弯强度及抗弯弹性模量要优于人工林，这可能与试材年龄差异有关。

4.2.2 闽楠与其他树种木材物理力学性状的比较

将闽楠天然林、人工林木材物理力学性状与香椿（*Toona sinensis*）（骆熹言等，

2003)、杉木（*Cunninghamia lanceolata*）、南方红豆杉（*Taxus chinensis* var. *mairnei*）（江泽慧等，2001）、突脉青冈（*Cyclobalanopsis elevaticostata*）（林金国等，1999）、福建柏（*Fokienia hodginsii*）（陈祖松，1999；肖祥希等，2000）、水曲柳（江泽慧等，2001）等树种木材物理性状的对比情况列于表 4-2。闽楠天然林木材的气干密度和基本密度分别为 0.721g/cm^3 和 0.580g/cm^3，与突脉青冈相近，分别是杉木、福建柏、南方红豆杉、香椿、突脉青冈和水曲柳的 1.93、1.63、1.06、1.17、0.98、1.14 倍以上。闽楠人工林木材气干密度和基本密度分别为 0.572g/cm^3 和 0.475g/cm^3，与香椿相近，分别是杉木、福建柏、南方红豆杉、香椿、突脉青冈和水曲柳的 1.58、1.33、0.87、0.96、0.80、0.89 倍以上。

表 4-2 闽楠木材物理性质与其他树种比较表

试验项目		闽楠		杉木	福建柏	南方红豆杉	香椿	突脉青冈	水曲柳
		天然林	人工林						
气干密度（g/cm^3）		0.721	0.572	0.360	0.419	0.659	0.561	0.719	0.640
基本密度（g/cm^3）		0.580	0.475	0.300	0.356	0.548	0.494	0.594	0.510
干缩率（%）（全干）	弦向	7.298	5.965	4.950	3.858	5.220	3.900	9.610	4.800
	径向	4.164	3.384	2.250	2.153	3.810	2.100	3.140	2.600
	差异干缩	1.75	1.76	2.20	1.79	1.37	1.86	3.08	1.85
体积干缩系数（%）		0.503	0.414	0.384	0.388	0.305	0.415	0.430	-
硬度（N）	端面	7583	7625	2803	4234	6052	5146	7071	5874
	侧面	6404	5325	1382	2622	5392	4067	5182	5845
顺纹抗压强度（MPa）		51.2	42.3	37.0	33.6	44.5	43.9	51.6	49.5
抗弯强度（MPa）		125.6	88.4	62.5	75.3	85.0	91.4	113.3	106.7
抗弯弹性模量（Pa）		9992	8241	9400	9020	9000	9900	13400	12700
综合评价		2416.9	2133.3	1369.3	1599.2	2058.4	1925.5	2583.2	2458.4

从木材的干缩性来看，闽楠天然林木材体积干缩系数为 0.503%，分别是杉木、福建柏、南方红豆杉、香椿和突脉青冈的 1.31、1.30、1.65、1.21、1.17 倍，闽楠人工林木材体积干缩系数为 0.414%，分别是杉木、福建柏、南方红豆杉、香椿和突脉青冈的 1.08、1.07、1.36、1.00、0.96 倍；从木材的差异干缩来看，闽楠天然林和人工林为 1.75 和 1.76，和福建柏、香椿、水曲柳相似，优于杉木和突脉青冈，而比南方红豆杉稍差。

从木材硬度来看，闽楠天然林和人工林木材的端面和侧面硬度差异不显著，因此以人工林木材硬度和树种相比较可知，闽楠人工林木材端面和侧面硬度分别为 7625N 和 5325N，与突脉青冈相当，端面硬度分别是杉木、福建柏、南方红豆杉、香椿和水曲柳的 2.72、1.80、1.26、1.48、1.30 倍，侧面硬度分别是杉木、福建柏、南方红豆杉、香椿和水曲柳的 3.85、2.03、0.99、1.31、0.91 倍。从木材顺纹抗压强度、抗弯强度及抗弯弹性模量来看，天然林木材与突脉青冈和水曲柳相当，而人工林则与香椿和南方红豆杉相当。

采用加权法（其中气干密度、基本密度、弦向干缩率、径向干缩率、体积干缩系数、端面硬度、侧面硬度、木材顺纹抗压强度、抗弯强度及抗弯弹性模量的比重分别为0.1），综合评价闽楠木材的物理力学性质和工艺性质优于杉木和福建柏，与优良的家具和室内装饰用材树种突脉青冈、水曲柳、香椿、南方红豆杉等相似。

4.2.3 闽楠单板旋切特性

从表4-3可知，闽楠天然林与人工林1.1mm旋切板背面裂隙率频率分布基本上在40%以上并且50%~60%的频率最高。闽楠单板人工林和天然林背面裂隙率分别为55%和56%，并且，基本上由里向外不同位置，单板的各种裂隙频度的总体趋势是：接近髓心部分的单板背面裂隙率和每厘米长度的裂隙条数逐渐减少。

另外，从闽楠单板旋切厚度的偏差来看，人工林和天然林分别为0.08mm和0.09mm，并且人工林单板旋切厚度的偏差变异系数要略小于天然林，这可能与闽楠人工林木材密度较天然林均匀有关，这也一定程度上说明人工林木材比天然林木材更易于加工。

表4-3 闽楠单板厚度偏差和背面裂隙率

材料来源	位置	单板厚（mm）	变异系数（%）	背面裂隙条数	背面裂隙率（%）	变异系数（%）
人工林	外	1.188	0.020	21	52.85	18.07
	中	1.173	0.170	21	57.27	34.17
	内	1.187	0.050	20	57.64	21.65
	平均	1.183	0.080	21	55.92	24.63
天然林	外	1.196	0.114	22	53.66	22.10
	中	1.185	0.095	21	58.34	28.20
	内	1.207	0.090	21	52.25	17.50
	平均	1.196	0.010	21	54.75	22.60

4.3 结论

（1）闽楠天然林木材气干密度和全干密度分别为0.721g/cm^{3}和0.680g/cm^3，与突脉青冈相近，闽楠人工林木材气干密度和全干密度分别为0.572g/cm^{3}和0.535g/cm^3，与香椿相近。闽楠天然林气干密度、全干密度和基本密度均大于人工林，差异达到极显著水平，但人工林木材密度变异系数却小于天然林。

（2）闽楠人工林和天然林木材气干状态下体积干缩率分别为4.935%和6.439%，全干状态下分别为9.330%和11.376%，属中等。但从干缩性数据可知闽楠人工林木材的尺寸稳定性稍差于天然林。从木材的差异干缩来看，闽楠天然林和人工林为1.75和1.76，和福建柏、香椿、水曲柳相似，优于杉木和突脉青冈，而比南方红豆杉稍差。

（3）闽楠天然林木材端面、径面和弦面硬度分别为7583N、6183N和6625N，闽楠人工林端面、径面和弦面硬度分别为7625N、5375N和5275N，天然林稍大于人工林，但差异不显著。闽楠天然林木材顺纹抗压强度、抗弯强度及抗弯弹性模量分别为51.2MPa、125.6MPa和9992MPa，分别是人工林的1.2、1.4和1.2倍，两者之间的差异均达到极显著水平。

（4）闽楠天然林与人工林 1.1mm 旋切板单板厚度的偏差分别为 0.09mm 和0.08mm，背面裂隙率分别为 56%和 55%，并且，原木由里向外接近髓心部分的单板背面裂隙率和每厘米长度的裂隙条数逐渐减少。

（5）综合木材物理和力学性质来看，闽楠的物理力学性质和工艺性质优于杉木和福建柏，与突脉青冈、水曲柳、香椿、南方红豆杉等相似。

参考文献

蔡坚，潘文，冯水，等. 2002. 间伐强度对湿地松木材性质的影响规律研究［J］. 林业科学研究，15（3）：297-303.

陈成彬，李秀兰，孙成仁，等. 1998. 中国樟科5属9种植物的核型研究［J］. 武汉植物学研究，16（3）：219-222.

陈存及，陈伙法. 2000. 阔叶树种栽培［M］. 北京：中国林业出版社，150-155.

陈细芳，郝明明，陈菽，等. 2009. 浙江楠染色体核型分析［J］. 浙江林业科技，29（6）：26-28.

陈祖松. 1999. 福建柏人工林木材物理力学性质的试验研究［J］. 福建林学院学报，19（3）：223-226.

成俊卿. 1980. 中国热带亚热带木材识别、材性和利用［M］. 北京：科学出版社.

成俊卿. 1985. 木材学［M］. 北京：中国林业出版社.

陈俊秋，慈秀芹，李巧明，等. 2006. 樟科濒危植物思茅木姜子遗传多样性的ISSR分析［J］. 生物多样性，14（5）：410-420.

邓永金，何正权，李雪萍，等. 2006. 山楠染色体的核型分析［J］. 福建林业科技，33（3）：112-113.

杜强，王文辉，杨刚华，等. 2011. 白楠育苗试验初报［J］. 江西林业科技（3）：16-19.

范辉华，汤行昊，刘宝，等. 2016. 闽楠轻基质育苗容器规格与分级培育试验［J］. 湖北林业科技，45（01）：28-30+57.

福建森林编委会. 1993. 福建森林［M］. 北京：中国林业出版社，142-148.

傅立国，金鉴明. 1991. 中国植物红皮书——稀有濒危植物［M］. 北京：科学出版社，358-359.

国家林业局. 国家农业部令（第4号）. 1999. 国家重点保护野生植物名录（第一批）.

黄斌，刘兴剑. 2011. 白楠在南京中山植物园的引种观察［J］. 北方园艺（17）：112-113.

江香梅，林卫红，魏柏松，等. 2000. 闽楠育苗初报［J］. 江西林业科技（4）：9-10.

江香梅，温强，肖复明，等. 2009. 闽赣两省闽楠天然种群遗传多样性的RAPD分析［J］. 生态学报，29（1）：438-444.

江香梅，肖复明，叶金山，等. 2008. 闽楠种源苗期生长性状地理变异及遗传参数估算［J］. 江西农业大学学报，64（30）：666-670.

江香梅，肖复明，叶金山，等. 2009. 闽楠天然林与人工林生长特性研究［J］. 江西农业大学学报，6（31）：1049-1054.

江泽慧，彭镇华. 2001. 世界主要树种木材科学特性［M］. 北京：科学出版社.

李金花，张绮纹. 2005. 不同年龄47号杨木材性质变异研究［J］. 林业科学研究，18（5）：567-572.

李懋学，陈瑞阳. 1985. 关于植物核型分析的标准化问题［J］. 武汉植物学研究，3（4）：297-302.

李生文. 2003. 闽楠不同培育模式的综合评价［J］. 江西农业大学学报，25（5）：100-103.

李玉阁，郭卫红，吴伯骥. 2002. 4种国产兰属植物的核型比较研究［J］. 西北植物学报，22（6）：1438-1444.

林金国，郑郁善，陈新兴，等. 1999. 突脉青冈木材物理力学性质的研究［J］. 福建林学院学报，19（1）：47-49.

冷欣，王中生，安树青，等. 2006. 岛屿地理隔离对红楠种群遗传结构的影响［J］. 南京林业大学学报（自然科学版），30（2）：20-24.

刘宝，陈存及，陈世品，等. 2005. 福建明溪闽楠天然林群落种间竞争的研究［J］. 福建林学院学报，25（2）：117-120.
刘玉香，宋晓琛，江香梅. 2013. 白楠和闽楠染色体核型分析［J］. 南京林业大学学报（自然科学版），37（05）：157-160.
骆嘉言，林金国，李大岔，等. 2003. 香椿人工林和天然林木材材性的比较研究［J］. 西北林学院学报，18（2）：77-79.
钱韦，葛颂. 2001. 居群遗传结构研究中显性标记数据分析方法初探［J］. 遗传学报，28（3）：244-255.
苏小青，林思祖，黄石德. 2007. 干扰状态下闽楠林乔木层主要种群种间联结性的研究［J］. 中国农业生态学报，15（5）：7-10.
童再康，俞友明，郑勇平. 2002. 黑杨派新无性系木材物理力学性质研究［J］. 林业科学研究，15（4）：450-456.
王红卫. 2006. 银杉的分子谱系地理学研究［D］. 北京：中国科学院研究生院.
王明庥，黄敏仁，阮锡根，等. 1988. 黑杨派新无性系木材性状的遗传改良［J］. 南京林业大学学报（1）：1-9.
王生华. 2012. 闽楠人工林生长干形形质分析［J］. 福建林业科技，39（1）：58-62.
王艇，苏应鹃，李雪雁，等. 2003. 孑遗植物桫椤种群遗传变异的 RAPD 分析［J］. 生态学报，23（6）：1200-1205.
王中仁. 1996. 植物等位酶分析［M］. 北京：科学出版社，157-158.
温强，叶金山，江香梅. 2005. 闽楠基因组 DNA 提取及 RAPD 条件优化［J］. 江西林业科技，2：5-7.
文李，叶庆生，王小菁，等. 2001. 利用 RAPD 技术分析兰属（*Cymbidium*）品种的亲缘关系［J］. 应用与环境生物学报，7（1）：29-32.
吴大荣. 2001. 福建罗卜岩闽楠（*Phoebe bournei*）林中优势树种生态位研究［J］. 生态学报，21（5）：851-855.
吴大荣，罗卜岩. 1998. 保护区闽楠等优势植物种群竞争研究初步［J］. 南京林业大学学报，22（3）：35-38.
吴大荣，罗卜岩. 1997. 保护区闽楠种群与优势蕨类植物种间联结分析［J］. 植物资源与环境，6（1）：15-19.
吴大荣，王伯荪. 2001. 濒危树种闽楠种子和幼苗生态学研究［J］. 生态学报. 21（11）：1751-1760.
吴大荣，吴永彬. 1998. 闽楠种群的天然更新［J］. 植物资源与环境，7（3）：8-12.
吴大荣，朱政德. 2003. 福建省罗卜岩自然保护区闽楠种群结构和空间分布格局初步研究［J］. 林业科学，39（1）：23-30.
吴大荣. 1997. 福建省罗卜岩自然保护区闽楠［*Phoebe bournei*（Hemsl）Yang］种群种子雨研究［J］. 南京林业大学学报，21（1）：56-60.
吴大荣. 1995. 闽楠种群生态学研究初报［D］. 南京：南京林业大学资源与环境学院.
吴大荣. 1997. 福建省罗卜岩自然保护区闽楠种群种子雨研究［J］. 南京林业大学学报，21（1）：58-62.
吴大荣. 2001. 濒危树种闽楠种子和幼苗生态学研究［J］. 生态学报，21（11）：1751-1760.
吴晓春，金宏伟，高云波，等. 2000. 试论森林树种生物多样性保护的遗传学理论基础［J］. 林业科技，25（3）：11-13.
肖祥希，杨宗武，叶忠华，等. 2000. 福建柏与杉木、马尾松人工林木材材性比较分析［J］. 林业科技通讯，2：3-5.

徐炳声，杨涤清. 1988. 中国文献报道的染色体数目索引Ⅱ［J］. 考察与研究，增刊：1-82.

张富民，葛颂. 2002. 群体遗传学研究中的数据处理方法 I. RAPD 数据的 AMOVA 分析［J］. 生物多样性，10（4）：438-444.

张恒庆，刘德利，金荣一，等. 2004. 天然红松遗传多样性在时间尺度上变化的 RAPD 分析［J］. 植物研究，24（2）：204-210.

张宏意，陈月琴，廖文波. 2003. 南方红豆杉不同居群遗传多样性的 RAPD 研究［J］. 西北植物学报，23（11）：1994-1997.

张俊钦. 2005. 福建明溪闽楠天然林主要种群生态位研究［J］. 福建林业科技，32（3）：31-35.

中国林科院木材工业研究所. 1982. 中国主要树种的木材物理力学性质［M］. 北京：中国林业出版社.

中国植物志编辑委员会. 1982. 中国植物志第三十一卷［M］. 北京：科学出版社.

钟圣. 2010. 观光木和闽楠幼树的光和生理生态特性研究［D］. 福州：福建师范大学.

邹惠渝，吴大荣. 1995. 卜岩保护区闽楠种群生态学研究——乔木种间联结［J］. 南京林业大学学报（19）：2.

邹喻苹，葛颂，王晓东，等. 2001. 系统与进化植物学中的分子标记［M］. 北京：科学出版社，41-43.

李玉阁，郭卫红，吴伯骥. 2002. 4 种国产兰属植物的核型比较研究［J］. 西北植物学报，22（6）：1438-1444.

Avise J C，Hamrick J L. 1996. Conservation Genetics：Case Histories from Nature［M］. New York：Chapman & Hall.

Bussel J D. 1999. The distribution of random amplified polymorphic DNA（RAPD）diversity amongst populations of *Isotoma petraea*（Lobeliaceae）［J］. Molecular Ecology，8：775-789.

Chung G C，Chung M Y，Oh G S，et al. 2000. Spatial genetic structure in a Neolitseasericea population（Lauraceae）［J］. Heredity（85）：490-497.

Drummond R S M，Keeling D J，Richardson T E，et al. 2000. Genetic analysis and conservation of 31 surviving individuals of a rare New Zealand tree，Metrosiderosbartlettii（Myrtaceae）［J］. Molecular Ecology（9）：1149-1157.

Ellstrand N C，Elam D R. 1993. Population genetic consequences of small population size Implications for plant conservation［J］. Annul Review of Ecology Systematics，24：217-242.

Excoffier L，Smouse P E Q，Uattro J M. 1992. Analysis of molecular variance inferred from metric distances among DNA haplotypes：application to human mitochondrinal DNA restriction data［J］. Genetics，131：479-491.

Fritsch P，Rieseberg L H. 1996. The use of random amplified polymorphic DNA（RAPD）in conservation genetics. In：Smith T B，Wayne R K（eds）Molecular Genetic Approaches in Conservation［M］. London：Oxford University Press，54-73.

Ge S，Hong D Y. 1998. Population genetic structure and conservation of an endangered conifer，Cathayaargyrophylla（Pinaceae）［J］. International Journal of Plant Science，159：351-357.

Ge S，Zhang DM. 1997. Allozyme variation in Ophiopogonxylorrhizus，an extreme endemic species of Yunnan，China［J］. Conservation Biology，11：562-565.

Hamrick J L. 1987. Gene flow，distribution of genetic variation in plant populations. In：K. Urbanska（ed）Differentiation Patterns in Higher Plants［M］. New York：Academic Press，53-67.

Levan A，Fredga K，Sandberg A A. 1964. Nomenclacture for centromericposition on chromosome［J］.

Hereditas, 52: 201–220.

Loveless M D, Hamrick J L. 1984. Ecological determinants of genetic structure in plant populations [J]. Annual Review of Ecology and Systematics (15): 65–95.

Lynch M, Milligan B G. 1994. Analysis of population genetic structure with RAPD markers [J]. Molecular Ecology, 3: 91–99.

Nei M, Li W H. 1979. Mathematical model for studying genetic variation in teams of restriction endonucleases [J]. Proc Natl Acad Sci USA, 76: 5269–5273.

Clark RM, G Schweikert, C Toomajian, et al. 2007. Common sequence polymorphisms shaping genetic diversity in *Arabidopsis thaliana* [J]. Science, 317: 338–342.

Rohlf F J. 1997. NTSYS–pc: numerical taxonomy and multivariate analysis system, ver. 2.02 [P] Exeter Ltd, Setauket, NY, USA.

Stebbins G L. 1971. Chromosomal Evolution in Higher Plants [M]. London: Eswarad Amold.

Wright S. 1951. The genetic structure of populations [J]. Ann Eugen, 15: 323–354.

Williamson P S, Werth C R. 1999. Levels and pattern of genetic variation in the endangered species Abronia macrocarpa (Nyctaginaceae) [J]. American Journal of Botany, 86: 293–301.

Yeh F C, Yang R C, Boyle T. 1999. POPGENE VERSION 1.31. Microsoft Windows–based Freeware for Population Genetic Analysis. Quick User Guide [M]. University of Alberta: Center for International Forestry Research.

Zeng J, Zou Y P, Bai J Y, et al. 2003. RAPD analysis of genetic variation in natural populations of Betulaalnoides from Guangxi, China [J]. Euphytica. 134: 33–41.